JN175576

品質管理者のための
リーン シックスシグマ 入門

(株)ジェネックスパートナーズ
眞木和俊・野口　薫 共著

日本規格協会

まえがき

我が社に「リーンシックスシグマ」がやってきた……

本書では，製造業で品質管理業務やISO規格認証の内部監査などに関わる品質管理者の方が，「リーンシックスシグマ（略称：LSS）」について知るための入門書として，その用語や考え方を解説します．

リーンシックスシグマを身近に感じてもらえるように国内企業の活動事例やトレーニングの内容を紹介するとともに，日本を取り巻く海外における改善活動の動向もお伝えします．またよくあるリーンシックスシグマに関する質問にもお答えします．

本書を読むことで，グローバル企業がリーンシックスシグマを導入する目的が理解でき，各社で行われているISO 9001品質マネジメントシステムやQCサークル活動などとの相違についても考えるきっかけとなれば幸いです．

ところで，もしあなたの会社でリーンシックスシグマを導入することになったら…….

◀中堅自動車部品メーカー三ツ星製作所にて▶

鈴木製造部長「昴君，ちょっと来てもらえるかい？」

昴製造部主任「何でしょうか，部長」

鈴木「品質保証部の依田さんから頼まれたんだが，今度君にGB（グリーンベルト）になってもらいたいそうだ」

昴「GBって，いったいなんの話ですか？」

鈴木「それは，こちらの依田さんが説明してくださるそうだ」

依田品質保証部長「ウチの会社が来月から外資のエムパイア・グループ傘下に入ることはすでに知っていると思うが，それに伴って本国で行われているリーンシックスシグマという活動を始めることになった．GBというのはその中の役割の一つだ．来月就任するミラー社長の掲げた全社ビジョンにも明記されているそうだ」

鈴木「聞いた話だと，そのリーンシックスシグマっていうのは我が社が昔からやっているQCサークル活動と中身はあまり変わらんようだが……」

依田「鈴木さん，それはどうでしょうかね．私は一足先に本社で行われているリーンシックスシグマのマスターブラックベルト（MBB）トレーニングを受けましたが，QCとはだいぶ様子が違いますよ」

昴「ISO 9001のQMSとも違うんですか？」

依田「業務品質に関わるという点では確かに似ているが，リーンシックスシグマはあくまでも問題解決の手法だからね．とはいえ，これもISO 13053*という国際規格の一つだそうだ」

昴「ふうーん，なんか難しそうですね．噛みそうな名前だし……」

依田「とにかく，君には来月から当社で始まるGBトレーニングコースに参加してもらいたい．詳しくは後からメールで案内するが，その研修には各部門から12名ほど集める予定だ」

鈴木「というわけで，来月からよろしく頼んだよ」

昴「まだよくわかっていませんが，了解しました！」

* ISO 13053:2011（プロセス改善における定量的方法—シックスシグマ）

さてこのやりとり，どう思われますか？

今から20年ほど前に筆者自身が実際に体験したやりとりを再現してみました．もっともそのときは通常業務を兼務するGBではなく，いきなり通常業務から外れてブラックベルト（BB）に任命されました…….

もしかすると，皆さんが初めてリーンシックスシグマと遭遇するのもこんな場面なのかもしれません．そんなときに戸惑わないためにも，ぜひご一読ください．

目　　次

解説編

なぜリーンシックスシグマなのか？

最初に「リーンシックスシグマ」という言葉の意味や成り立ちの経緯などを解説します．

なぜリーンシックスシグマが「プロセス改善手法のグローバルスタンダード」としてISO規格になったのか，その背景にある世界的な動きや主軸となる英国，中国，米国などの国を挙げた取組みについても紹介します．

あわせて皆さんになじみ深いQCサークル活動やトヨタ生産方式（TPS）など従来の改善手法との比較において，どのような相違が見られるのかについても触れておきたいと思います．

第1章
リーンシックスシグマとは

lean six sigma

1.1 リーンとシックスシグマ

リーンシックスシグマは，「リーン（Lean）」と「シックスシグマ（Six Sigma）」という2種類の改善手法を組み合わせた，問題解決のための方法論です（図1.1参照）.

それぞれ業務プロセスに対して，**リーン**は「トヨタ生産方式」にならった「ムダをなくす（ムダ排，効率化）」ための手法であり，**シックスシグマ**は「統計的品質管理（SQC）」をベースにした「品質を良くする」ための手法です．元々は別々に使われていたのですが，1990年代の終わり頃に米国でLean Six Sigma（LSS）という名称で登場しました.

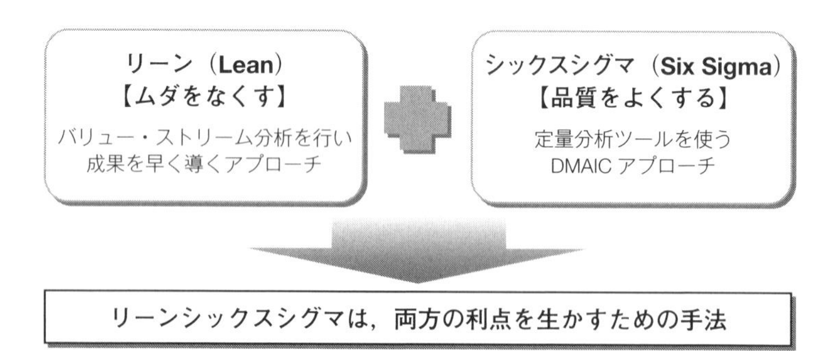

図1.1　リーンとシックスシグマ

次に具体的にどんな場面でリーンシックスシグマが役立ちそうなのか，例示してみました.

●—— リーンシックスシグマが役立つと考えられる場面（例）

- 品質問題や不適合事項に対して再発防止の恒久対策を講じたい．
- 生産部門内だけでなく，開発部門や営業部門を巻き込んで改善を進めたい．
- 海外の取引先やサプライヤーと品質情報を共有したい．
- サプライヤーや物流委託先の QCD（Quality，Cost，Delivery）対応能力を定量的に把握したい．
- 自社の役員や他部門に現状の QCD 実現能力を定量的に伝えたい．
- 改善活動による財務的な成果を見積もりたい．
- ベテラン社員のノウハウや暗黙知を若手社員に伝承したい．
- 他社や海外の改善活動のベストプラクティスを学びたい．

など

こうして見ると，日常業務のいろいろな場面でリーンシックスシグマを使う可能性があることがわかるはずです．

リーンシックスシグマは製造業で行われてきた QC サークル活動や業務のムダとりから発展した改善手法なので，特別な専門知識やスキルを新たに習得する必要はありませんし，ましてや万能ツールでも魔法の杖でもありません．しかし，これまで日本ではあまり知られておらず，導入活用に成功した企業も決して多くないため，先入観や誤解から敬遠している方もいるでしょう．

次にリーンシックスシグマの特徴を説明します．

1.2 リーンシックスシグマの特徴

リーンシックスシグマは「リーン」と「シックスシグマ」の各手法を使い，経営課題から分解された具体的な問題事象の解決を行います．その特徴を（太字で表した）キーワードを用いて示しました．

●—— **リーンシックスシグマの特徴**

- **顧客の声（VOC）**を起点とした取組みを行う.
- **業務プロセス**を改善の対象とする.
- **プロジェクト**を就業時間内業務として遂行する.
- プロジェクトの**スポンサー**が経営課題を分解して，具体的な取組みテーマを選ぶ.
- **BB/GB** をリーダーとするチーム活動で問題解決を図る.
- **部門横断**でプロジェクトチームを組成する.
- **DMAIC** という問題解決ステップを使う.
- **分析ツールや（統計）手法**を適切に使って問題を解決する.
- 事実と定量的な裏付けを拠り所とした**因果関係**を解明する.
- 組織に「成果を出して人を育てる」ための**活動基盤**をつくる.

また ISO 規格に定義されている LSS 活動に参加するメンバーの責任役割と求められる職位・能力は表 1.1 のようになります．さらに後述する資格認証の対象となっている役割も記載しました．

これらの特徴や役割について，本編中で具体的に解説していきます．

1.3 リーンシックスシグマの生い立ち

筆者が初めて「リーンシックスシグマ」という言葉を聞いたのは，2000 年に米国アリゾナ州で SSQ（Six Sigma Qualtec）が主催したカンファレンス「Six Sigma Quality Quest」の場でした．その時は，リーンを専門的に指導するコンサルティング会社による「今度新たにシックスシグマと組み合わせたプログラムを作りました」という宣伝講演だったと記憶しています．その後，米ゼネラル・エレクトリック（GE）をはじめ，複数のグローバル企業のリーンシックスシグマの導入例が紹介され，世界的に広まり始めました．

表 1.1 参加メンバーの責任役割と求められる職位・能力
(ISO 13053 の定義による)

呼　称	責任役割	求められる職位・能力	国際資格
チャンピオン	LSS 活動推進の総責任者	役員級の人材が担う.	—
スポンサー	プロジェクトの責任者として取組みテーマを決め，その結果責任を負う.	部課長級の人材が担う.	—
展開マネージャー	LSS 活動の推進責任者	部長級の人材が担う.	—
マスターブラックベルト (MBB)	LSS 活動推進役として，社内トレーナー兼コーチ，およびスポンサーの相談役を務める.	部課長級の人材が担い，LSS のツールや手法に精通する.	認証対象
ブラックベルト (BB)	専任のプロジェクトチームリーダーとして，問題解決の責任を負う.	次世代の幹部候補人材が担い，プロジェクトにおいて問題解決力と活動推進力を高めることが強く求められる.	認証対象
グリーンベルト (GB)	通常業務兼任のプロジェクトリーダーとして，問題解決の責任を負う.		認証対象
イエローベルト (YB)	プロジェクトチームメンバー．コアメンバーとしてリーダーを代行する場合もある.	プロジェクトチームに必要な人材で，誰でも参加可能.	—

(1)　リーンの由来

そもそもリーンは，1990 年にマサチューセッツ工科大学の自動車産業研究チームだったウォマック（James P. Womack）博士らが著書『リーン生産方式が、世界の自動車産業をこう変える。』の中で定義した用語で，日本のトヨタ自動車が開発した「トヨタ生産方式」にならった,「ムダ排，効率化」の考え方を意味します（図 1.2 参照).

よく海外の専門家と話していると,「リーン＝トヨタ生産方式」と信じて疑わない方もいますが，詳しい中身を比較すると多くの違いが見られます．リーンは，主に 5S（整理，整頓，清掃，清潔，しつけ）やバリュー・ストリーム（価値の流れ）分析といった効率的な生産の理論と手法に焦点をあてた，欧米

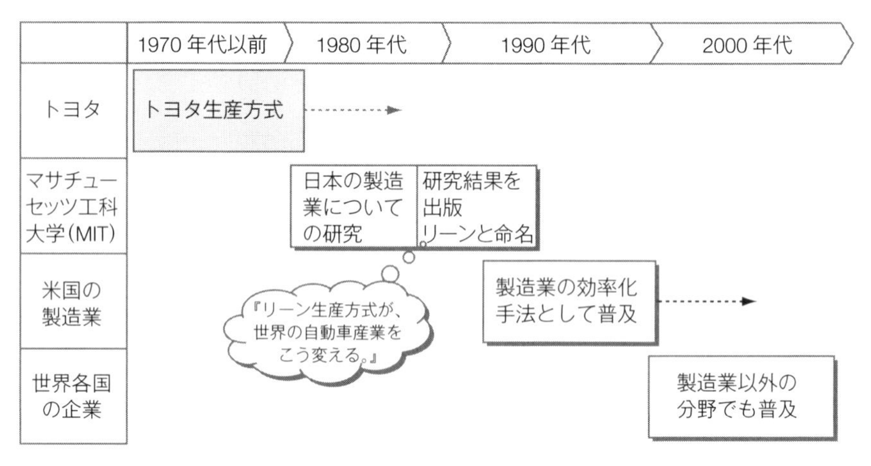

図 1.2　リーン手法発展の歴史

流の解釈と考えられます.

したがって，本書では，リーンをトヨタ生産方式と区別した改善手法と位置付けています．なおリーンについては，現行の ISO 規格ではあまり言及されておらず，その扱いについてもいまだに検討が続けられています．リーンの詳しい内容についてお知りになりたい方は，巻末の引用・参考文献に紹介した書籍をご覧ください.

(2)　モトローラのシックスシグマ

次にシックスシグマですが，その名称は 1980 年代に**モトローラ**で名付けられました．シックスシグマを直訳すると「標準偏差（σ：シグマ）6 個分」という意味になります．これは統計的品質管理レベルを示す（製品の）不良率が短期的には 2 ppb（2/10 億），長期的には 3.4 ppm（3.4/100 万）以下となる生産工程（能力）の実現を目指した手法だということです．当時，同社の主力製品だった半導体や通信機器においては，この値は現実的な達成目標だったと考えられます．ですから，その名称も当初は **6σ** と表記されていました.

シックスシグマの提唱者であり，モトローラのシックスシグマ活動を主導した後，Six Sigma Academy（SSA）を創設したハリー（Mikel Harry）博士によれば，日本の製造業と比較して圧倒的に不足していた生産ラインの品質管理能力を高めるために，日本企業の行う全社的品質管理（TQC）をベンチマーキングしてつくった，モトローラ独自の品質改善活動だったそうです．

つまり，日本企業が行う全社的な QC サークル活動がお手本であり，まさに日本が先生だったわけです．これが第 1 世代のシックスシグマであり，日本の製造業が得意とした（統計的）品質管理手法を欧米流に焼き直したものだったのです．もっともこのことがその後の日本におけるシックスシグマに対する大きな誤解の種になったのでしょう．

この頃にシックスシグマの導入を試みた日本企業が複数ありましたが，うまく結果を残せたケースは少なかったようです．その理由として，当時米国を中心にシックスシグマを指導していたコンサルタントの一部が，統計的数値管理強化だけを主張したり，ミリタリーマネジメントの事例を使って説明したりしていたことが挙げられます．いわば，外国人が改善活動の本家家元に対して偉そうに説教したように受けとられ，大いに嫌われてしまいました．今でも日本国内ではその当時の悪い印象がつきまとっているように感じます．

(3) GE のシックスシグマ

それから 10 年余り過ぎた 1995 年 10 月に，当時 **GE** の CEO だったウェルチ（Jack Welch）氏が GE 全社へのシックスシグマ導入を宣言しました．まえがきにも書いたとおり，当時筆者は日本国内の事業所で問題解決に当たるチームのリーダーである BB に任命されました．そのときのシックスシグマは，明らかにモトローラの提唱したシックスシグマとは違っていました．

詳しくは後述しますが，最も大きな違いは，シックスシグマの問題解決のステップである **DMAIC**（Define：定義，Measure：測定，Analyze：分析，Improve：改善，Control：管理）の Define フェーズにおいて解決すべき経営課題を VOC（Voice Of the Customer：顧客の声）に基づきトップダウンで決めていく点でした．

現場での少人数チームによる問題解決という点ではQCサークル活動に似ていますが，プロジェクトをやればやるほど顧客満足につながる点において，金融サービスビジネスが支配的だった当時のGEにとっては大変画期的な活動でした．またサービス業では「6σ」，すなわち不良率3.4 ppmという目標値は現実感に乏しいため，その名称も**Six Sigma**（シックスシグマ）と表記されるようになりました．

つまり，これが第2世代のシックスシグマであり，GEはこの活動の寄与もあってわずか5年間で売上規模も収益も倍増しました．GEの成功によって，シックスシグマは一躍世間の注目を集めましたが，こうした経緯を知らない日本では，相変わらずシックスシグマの評判は芳しくありませんでした．

さらに今世紀に入り，リーンと組み合わさることで，いわば第3世代としてのリーンシックスシグマへと発展したのです（図1.3参照）．

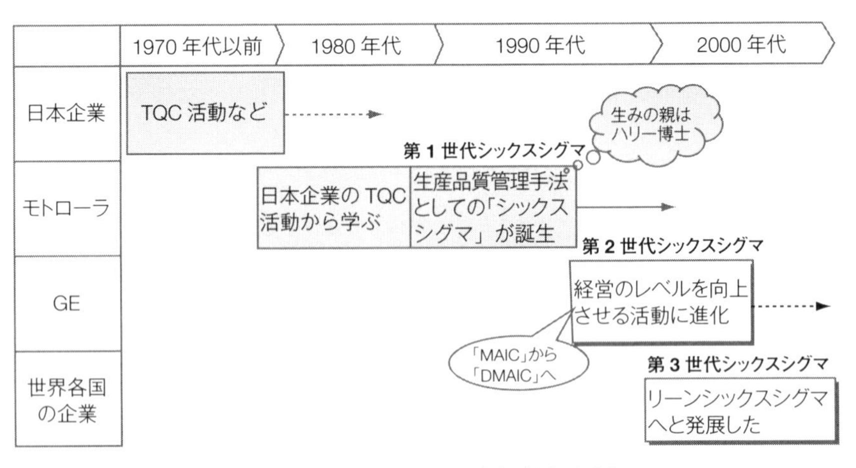

図1.3　シックスシグマ手法発展の歴史

1.4 リーンシックスシグマで使う用語と役割

初めてリーンシックスシグマを理解する際にとまどうのが，独特の用語だと思います．ちょうど海外とのコミュニケーションのために英語を学ぶのと同じく，リーンシックスシグマを実践する組織で通用する**共通言語**としての言葉遣いや考え方を習得する必要があります．通常リーンシックスシグマを導入する際に行われるトレーニングにおいて，用語の意味や使用目的が説明されますが，これらの用語は基本的に**ISO 13053-1:2011**（プロセス改善における定量的方法—シックスシグマ—第1部 DMAIC 法）で定義されているものです．

表 1.2 にリーンシックスシグマで使われる代表的なものを示しました．

表 1.2　リーンシックスシグマで用いられる用語

用　語	説　　明
リーン	ムダをなくす，その手法を指す．
シックスシグマ	バラツキを減らして仕事をよくする，その手法を指す．統計量の「標準偏差六つ分」が語源．
DMAIC	プロジェクトの進捗フェーズ．Define（定義），Measure（測定），Analyze（分析），Improve（改善），Control（管理）の頭文字．
プロジェクト	BB(ブラックベルト)/GB(グリーンベルト）をリーダーとするチームで取り組む活動を表す．
VOC	Voice Of the Customer の略．顧客の声．取組みのきっかけとなる顧客の要望を指す．
CTQ	Critical To Quality の略．顧客の声に含まれる重要なニーズを意味する．
プロセス	(改善対象である）業務の流れ．仕事の進め方．

(1)　VOC（顧客の声）

この中でぜひ知ってもらいたい用語が**VOC**（顧客の声）です．

LSS 活動では，まず VOC を収集することが必要になるのですが，この時の「顧客」とは製品を買ってくれるユーザーだけを指すわけではありません．よく「後工程はお客様」というように，各部門にとっては社内の声（**VOE**：Voice Of the Employee）も存在しますし，社長や上司を顧客とみなすこともあります（**VOB**：Voice Of the Business）．つまり，プロジェクトから得られる成果を期待する「プロジェクトの顧客」が必ず存在するので，その声を聞くことが最も大切なこととなります．このVOCは「声の大きさ」で選ぶのではなく，「**声の多さ**」から選びます．プロジェクトのスポンサーは，このような複数のVOCやVOEの中から，自らの受け持つ経営課題や事業計画と照らしたうえで，取り組みたいテーマの候補をリストアップして，その優先順位を決めます．

（2） DMAIC

もう一つ代表的な用語が，問題解決のステップを表す**DMAIC**です（図1.4参照）．

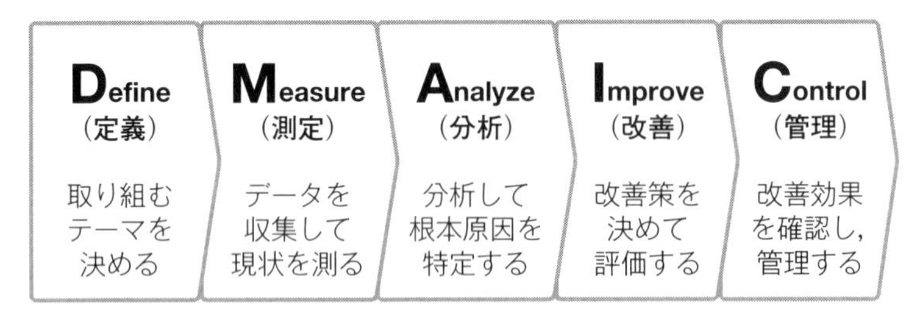

図1.4　問題解決のステップDMAIC

DMAICは問題解決型のQCストーリーに似ており，各フェーズで決められた作業や分析を完了して次のフェーズに進む方法をとります．

製品の品質向上といった，おのずと改善すべきテーマが決まる生産部門での取組みが主流だった第1世代のシックスシグマでは，明確なDefineフェーズは存在せず，MAICの四つのフェーズだけで十分でした．しかし第2世代でGEが全社導入した際，**Defineフェーズ**を付け加えてDMAICとなりました．当時 GE ではサービス業や間接業務にシックスシグマを適用するために，取組みテーマをスポンサー役の管理職が自分の経験や勘で選ぶのではなく，より論理的で合理的に決めるための手順が必要でした．そこでテーマ選定に責任を負うスポンサーと問題解決を担う BB/GB が相談しながら，具体的なプロジェクトテーマを定義する Define フェーズが考案されたのです．

VOC に含まれる要望から抽出された顧客の「重要なニーズ」を **CTQ**（Critical To Quality）といいます．CTQ の概念は抽象的で捉えにくい感じがしますが，顧客や会社にとって重要な影響を与える（品質的な）要素という意味で，慣例的に「XX の○○さ」と表します．例えば，VOC の多くが「もっと早く回答してほしい」という意見だった場合，CTQ は「回答時間の短さ」とします．

Define フェーズでは，スポンサーが選んだ優先順位の高いテーマについて，BB/GB とも相談しながら，CTQ の現状をよりよくするための具体的なプロジェクトのテーマを定義します．つまり「VOC の中から CTQ を抽出して，プロジェクトのテーマに定める」という手順が作られたわけです．これによって製品の品質向上が主目的だった第 1 世代から，第 2 世代ではあらゆる顧客の満足度を高めることが目的となりました．

(3) プロジェクトの推進体制

実際のプロジェクトでは，それぞれ組織的に決められた責任と役割に従って進めることになります（図 1.5 参照）．リーンシックスシグマのプロジェクトは少人数によるチーム活動なので，チームリーダー役の **BB**（ブラックベルト）や **GB**（グリーンベルト），チームメンバーとなる **YB**（イエローベルト）などが任命されます．一般にこれらの責任と役割は，組織内の実際の業務職責と必ずしも一致するとは限りません．特にチームメンバーは一つの部門だけでなく，対象となる業務プロセスに関わる人材を部門横断的に集めます．またリーンシックスシグマの初期導入段階では社内に具体的な指導ができる **MBB**（マスターブラックベルト）や BB の経験者がいないので，筆者たちの所属す

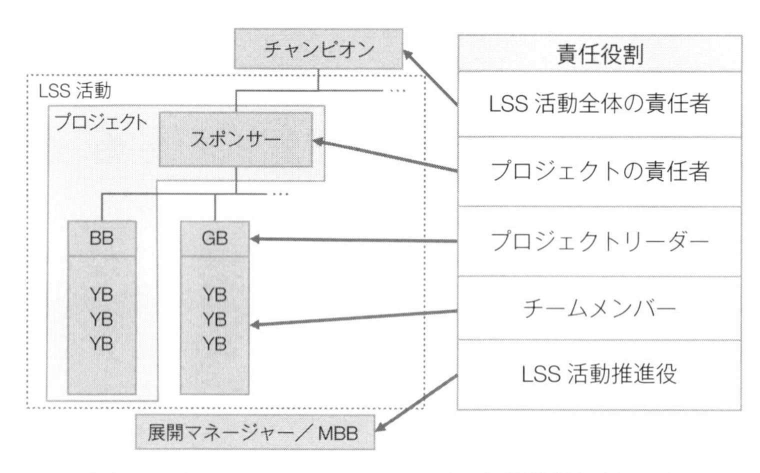

図 1.5　リーンシックスシグマにおける組織体制と責任役割

る会社のような外部のコンサルティング会社に活動立ち上げの支援を依頼するか，他社で活動してきた経験者を中途採用して推進体制を作ることが多いようです．

LSS 活動は就業時間内に行う業務なので，あらかじめ，どれだけの工数を割り当てるのかを計画する必要があります．一つのプロジェクトを完了させるまでの期間の目安は長くても 6 か月程度です．BB や GB はこの期間内にチームメンバーがどれだけの活動工数を投入しなければならないのかを見積もり，各所属長の承認を得ることになります．

(4)　プロジェクトの目標と成果

プロジェクトで問題を解決した場合の成果を財務的に換算すれば，プロジェクトに実投入した人件費に対する**投資対効果**を求めることも可能です．通常業務として改善活動を行ううえでは，その分の人事考課も考えなくてはなりません．従来の人事制度でカバーできるとは限らないので，LSS 活動を進める傍らで新たに人事評価の仕組みを工夫することも必要です．

BB や GB は個別のプロジェクトにおいて，今起きている問題現象「Y」

(CTQを数値で表した指標）とその原因「X」との因果関係「Y＝f(X)」を解明します．リーンシックスシグマでは，Yに影響を与える主たる原因Xに対して確実に手を打つことが求められるので，その因果関係を明らかにしなくてはなりません．ただし，YやXは必ずしも直接的な指標で表せるものばかりとは限らず，アンケート結果や官能試験結果などの代替的な指標を用いることもあります．目指すべき到達目標も社内だけでなく，競合や別業態とのベンチマーキングによって見いだすこともあります．社内のベテランの経験や知恵に加えて，広い視野で物事を考えられる人材を育てることも，LSS活動の目的です．

このようにリーンシックスシグマを導入するということは，単に社員が手法やツールを学んで成果を出すだけでなく，社内に組織的な問題解決の仕組みを導入することにほかなりません．

1.5 既存の改善手法との相違点について

ここまで説明してきたとおり，リーンシックスシグマで用いる考え方や手法と従来の改善活動で使うものとの間にはあまり大きな差異は見られません．けれども違和感やなじみにくい部分があることも否めません．そう感じる点をいくつか具体的に挙げてみました．

●── リーンシックスシグマに対してよくある感想・コメント

- 用語が英語（英字，カタカナ用語）ばかり
- 小難しい統計分析（数学）が登場する
- 3.4 ppm（3.4／100万）はとても現実的な目標値ではない
- 集合研修期間が長い(GBで5～6日間, BBなら12～14日間程度必要)
- BB, GB, YBといういかにも面倒そうな役割が決まっている
- 業務時間内に改善活動を行うのは困難

どうしてこのような違和感を抱くのかというと，海外ではLSS活動は明確に業務目的の一つとして位置付けられ，「学べば出世にプラスされる」と考えられているのに対し，日本では「社会人ならできて当たり前，学ぶより慣れろ」と自主性に基づく常識としてとらえられているからだと思います．

日本企業の方から必ず聞かれるのは「リーンシックスシグマとこれまでのTQCと何が違うのか？」という質問です．筆者は使うツールや小集団による活動形態という点では大きな違いはないと考えています．強いて挙げるなら，組織を超えた部門横断型チームでの取組みを基本原則としている点ではないかと思います．

1.6 LSS活動の進め方

それではどのようなことに注意すればよいか，LSS活動の進め方の特徴を示しました．

●── LSS活動の進め方の特徴

(1) トップダウン式のテーマ選定
(2) スポンサーがゲートレビューを行う
(3) 部門横断型チームで取り組むのが基本
(4) 活動への意識付けと関係者全員の参加が必須
(5) 手法やツールを限定しない

(1) トップダウン式のテーマ選定

リーンシックスシグマを用いて解決したい事項，すなわちプロジェクトで取り組むテーマは，プロジェクトのスポンサーが責任をもって決めることになっています．スポンサーは管理職の立場できちんとしたテーマ選定理由や成果への勝算などを説明しなくてはなりません．つまりプロジェクトの成果に対するコミットメント（約束，覚悟）を示さなくてはならず，BB/GB や現場担当者に丸投げはできません．

かつて支援した企業のV字業績回復で有名なCEOが，LSS活動のスポンサー役だった経営幹部を「コミットできない経営者を顧客は信用しない」と叱っていたのを目の当たりにしたことがありますが，まさにそのとおりだと共感します．そもそも管理職は自部門の年度方針や経営計画を示せるはずです．その年度に取り組むべきテーマの中からリーンシックスシグマを使って解決したいものを選べばよいのです．

もちろん現場からボトムアップ式にテーマを提起して取り組むことも大切ですが，プロジェクトの範囲や成果が限られてしまうことが否めません．一方で他部門との連携が必要な場合には，部門間の調整や合意は部門長どうしだけでなく，その上の役員にまで及ぶでしょう．結果的には，ある規模以上の取組みテーマでは，適切な意思決定をトップダウン式に行うことは避けられないと思います．

なおリーンシックスシグマを導入，実践する企業でも，BB/GB がプロジェクトで取り組むテーマはトップダウン式で決め，現場作業の問題解決はボトムアップ式のQCサークル活動を併用しているケースもあります．これらは適材適所で使い分ければよいと考えます．

(2) スポンサーがゲートレビューを行う

スポンサーは，各フェーズの終了時にゲートレビューを行い，進捗確認と次フェーズに進めるのかどうかを判断します．ゲートレビューでは，プロジェクトに対して「次のフェーズに進めてよい」，「条件付きで次のフェーズに進めてよい」，「再度今のフェーズをやり直す」のいずれかを判定します．「(1) トップダウン式のテーマ選定」で示したように，スポンサーがプロジェクトの成果に最終責任を負うことになっており，心情的にも放置できないはずなので，ゲートレビューの場でプロジェクトチームをしっかりとフォローします．

このときスポンサーに求められる振る舞い方は「少し我慢して過剰に介入し

ない」ことです．業務遂行の大ベテランでもあるスポンサーには，当然ながらすでに正しい解決策がある程度まで見えてしまっていると思います．しかし，それを指示してしまうと部下は指示待ち姿勢になってしまい，自分たちで考えなくなります．スポンサーがフォローを行う際は答えを教えるのではなく，本人たちに気づかせる**コーチング**のテクニックが求められます．

(3)　部門横断型チームで取り組むのが基本

筆者はよく「プロセスを憎んで，人を憎まず」という表現を用います．リーンシックスシグマでいう「プロセス」とは仕事のやり方や仕組みを意味するので，業務上で失敗した場合には個人に対する責任追及ではなく，失敗を招いたやり方や仕組みそのものを変えなくてはならないということです．特に「部門間の壁」の存在が問題を助長するのであれば，その解決には部門を超えたチームを作って対応することが不可欠です．そしてプロジェクトの実行においては，直接の利害関係が及ぶ現場の関係者に快く協力してもらえるようにすることが大切です．

欠品発生という問題を例に挙げると，生産部門は営業部門の販売予測の不確かさが原因だと責め，営業部門は生産部門の生産計画の不備のせいだと応酬するだけでは何も解決しないということです．サプライチェーンというプロセスのどこかに問題があって起きたことですから，そこに関わる各部門の関係者が連携して解決に当たらなくては始まりません．顧客にしてみれば，問題が解決しなければ生産部門も営業部門も関係なく，その会社全体に対して不信感をもつのですから，部門間の壁を超えて取り組むべきテーマといえるでしょう．

(4)　活動への意識付けと関係者全員の参加が必須

かつて日本の製造業のQCサークル活動が世界中の尊敬を集めていた時代には，社長から現場作業者まで真剣にQCを学び，自ら実践していました．デミング（Edwards Deming）博士が来日した際の様子を残す記録映像を見ると，企業経営者たちが，一言でも聞き漏らすまいと食い入るようにデミング博士の話を聞く姿が映っています．この光景は筆者が参加した国際カンファレンスの参加者と重なる気がします．

リーンシックスシグマの導入において組織的な活動基盤構築が求められる理由は，導入の意義が業務プロセスの全体最適化を図ることにあるからです．良識ある現場担当者がよかれと思ってそれぞれ独自に自分たちの仕事を改善することは，ともすれば全体を管理しないままの部分最適が進むことにもなりかねず，かえって業務の非効率化やサイロ化（属人化）を生み出しかねません．

また，多くの日本企業では組織忠誠心の高い正社員が集う現場が当たり前と思われていました．しかし派遣社員や請負業務委託先の活用が進んだ現在，もはや国内の製造現場においては，正社員だけで周囲との調和を考えながら業務改善を進めることは非常に困難だと言わざるを得ません．だとすれば，業務に関わるあらゆる関係者を巻き込んだ「関係者相互にとって合理的で Win-Win な活動」を行う必要があるのです．

(5) 手法やツールを限定しない

リーンシックスシグマでは目的にかなうなら，どの手法やツールを使っても構いません．LSS 活動の要となる BB が習得する手法やツールは QC 七つ道具に始まり，統計分析手法，IE（インダストリアル・エンジニアリング）手法，品質工学，ロジカルシンキング（論理的思考），ファシリテーション，プロジェクトマネジメントに至るまで実に多種多様です．もちろん BB はこれらをうまく使いこなして問題を解決し，確実に結果を出すことが要求されます．この点においてはプロの経営コンサルタントとさほど変わらず，BB を**社内コンサルタント**と位置付けている会社も多いのです．

さらに現行業務プロセスの改善だけでなく，新たな業務プロセスをつくり上げるといった，より高度な取組みテーマへの挑戦も行われます．これはシックスシグマの派生手法で **DFSS**（Design For Six Sigma）と呼ばれます．リーンシックスシグマが既存プロセスの改善を目的とする手法であるのに対し，DFSS は新規プロセスや新製品を開発するための手法です．リーンシックスシグマの DMAIC と同様に，標準的な DFSS では **DMADV**（Define, Measure, Analyze, Design, Verify）というアプローチをとります．

このようにリーンシックスシグマでは，既存の改善手法と同様の考え方や分析ツールを用いながらも，取組みテーマの選び方やプロジェクトの進め方などで異なる点が見られます．

第2章
リーンシックスシグマ活動の進め方

lean six sigma

ここではGBのケースを例に挙げて，LSS活動の進め方を紹介します．

リーンシックスシグマではプロジェクトのチームリーダーであるGBがチームメンバーのYBたちや周囲の関係者をうまく巻き込みながら，問題解決をリードします．

さて，まえがきに登場した三ツ星製作所の製造部主任で，突然GBに指名された昴さんは，その後どうなったのでしょうか？

社内で行われているGBトレーニングの様子をのぞいてみましょう．

2.1 GB候補者を選ぶ

依田「皆さんは各職場から選ばれたGB候補です．業務が忙しい中，これから3か月にわたり丸6日という時間を割いてトレーニングに参加してもらうので，しっかりと学んで，職場に戻ってからご自身のプロジェクトを成功させることを期待しています」

昴「依田さん，どうして僕がGB候補に選ばれたんでしょう？」

依田「その理由はね，君たちが我が社の次世代リーダーとして成長することを期待されているからだよ．社長メッセージにもあったとおり，リーンシックスシグマは社内人材を育成する手段でもあるんだ．もちろん鈴木さんの推薦だから，頑張ってその期待に応えてほしいな」

昴「ぜひ期待に応えられるよう，頑張ります！」

よく「どんな人材をLSS活動のBB/GBに選んだらよいのか？」と尋ねられますが，筆者は「性格的に“○○深い”人が向いている」と答えています．例えば「注意深い」，「思慮深い」といったことも大事ですし，何事もすぐには諦めない「執念深い」面も必要です．第1世代のBBやGBの候補者としてLSS活動に参加する方は，その後の活動推進において非常に重要な役割を担うので，慎重に選ぶことをお勧めします．

一方で参加者のモチベーションを考えると，現在手空きなのでとりあえず，といった方を参加させることは問題です．当然周囲からは関心をもって注目されているので，「ああいう人が参加する活動なんだ」と思われてしまうと，プロジェクトが進めにくくなるからです．

通常GBがプロジェクトに投入する工数は業務時間の30～50%が目安となります．当然ながらトレーニングやプロジェクトに費やす工数を生み出すのは容易ではないので，スポンサーがプロジェクト投入時間を計画的にコントロールします．

プロジェクトのチームメンバーは，改善する対象業務プロセスに携わっている人を選びます．例えば「製品在庫数の最適化プロジェクト」であれば，生産計画や物流の担当者に参加してもらい，状況次第では営業販売担当の方にも声をかけます．プロジェクトの対象範囲や課題の規模に応じて，スポンサーが，各メンバーの所属長と交渉してチーム参加の可否を決めることになります．

2.2 トレーニングを受ける

依田「今回のGBトレーニングは毎月2日間連続で3回に分けて行います．皆さんには4人ずつ三つのチームに分かれて座ってもらいましたが，この後に行うプロジェクトの模擬演習では各チーム内で討議をし，その成果を発表していただきます．ただ座って講義を聞いているだけでは眠くなってしまいますからね．ここでは問題解決のステップである

DMAIC やリーダー候補として必要なスキルも身に付けることになります．トレーニングでは普段聞いたことない用語やツールが登場するので，疑問があればその場で積極的に質問してください」

昴「はいっ！　なぜトレーニングだけで 6 日間もあるんですか？」

依田「早速の質問，ありがとう．このトレーニングでは講師から LSS について教わるだけではなく，各自のプロジェクト経過を共有する時間や互いに困ったことを相談するためのセッションを設けています．まだ社内には LSS 活動の経験者がいないので，ここに集まった GB の同期生どうしで助け合ってほしいと思います．それに通常業務ではあまり接点のない他部署の人と共に学ぶことで，ぜひ君たちから部門間の壁をなくしてもらいたいと願ってますよ」

昴「このトレーニングに参加する目的は，いろいろとあるんですね」

トレーニングの目的は，リーンシックスシグマの用語や技法を理解して，実践できるようにすることですが，プロジェクトチームとして成果を出すためには，それだけで十分とはいえません．トレーニング提供機関によって多少違いはあるものの，BB/GB 向けのトレーニング内容は DMAIC やツールだけにはとどまらず，リーダーシップに関する理解やロジカルシンキング（論理的思考）といった，一般には「ビジネススキル」として知られている内容も含まれます．

またトレーニングでは座学の講義を受けるだけではなく，仮想のプロジェクト実践を模した演習を使って，体験学習を行うことが効果的です．他の受講者をチームメンバーに見立てて一緒に討議することで，チームマネジメントに慣れる効果が期待できるからです．受講者どうし互いに発表したり，フィードバックを行うことで，プロジェクト実践のイメージをもつ機会になります．

トレーニング受講後，GB は職場に戻ってプロジェクトを進めながら，チームメンバーに対して自分が習ったことを共有することも必要です．習ったことを伝えるにはトレーニングで使ったテキストが頼りなので，受講中は自分なりにメモをとるなどして，いつでも「使える」状態にすることを心がけたいものです．

2.3 プロジェクトテーマを定義する

依田「まずはじめに，プロジェクトで取り組むテーマを定義するフェーズ，すなわちDefineフェーズについて解説します．ところで，皆さんはご自身のスポンサーからプロジェクトテーマを預かってきましたか？」
昴「鈴木さんと相談して，一応テーマは決まったんですけど，具体的に取り組む対象範囲やチームメンバーはまだ決まっていません」
依田「それでも大丈夫，このトレーニングでチームチャーターの書き方を教えるので，チャーターを書いてみて，それから再度鈴木さんと相談すればいいですよ」
昴「わかりました，やってみます」

LSS活動では，原則としてプロジェクトで取り組む具体的なテーマはスポンサーが決め，BB/GBが率いるチームにその問題の解決を委託します．テーマを決める責任と解決する責任を役割として明確に分けているのには，それなりの理由があります．

その理由の一つは，スポンサーの独断専行を防ぐためです．スポンサーは管理職なので，一般にBB/GB/YBより大きな責任権限をもっています．もしスポンサーが自部門だけに都合のよいテーマを決め，自分に都合のよい解決策を決めたのでは全社最適ではなく部門最適に陥るおそれがあります．そこで部門横断型チームが中立的な立場から全社最適な解決策を提案し，スポンサーに判断してもらうのです．また一人のスポンサーの責任権限では責任範囲外の業務プロセスまでカバーすることはできないので，成果を出すために前後の工程の部門長に対してスポンサー自身が協力を働きかけます．

もう一つの理由は，人材育成の観点からスポンサーが部下であるGBに対して，自らの業務を考える機会を与えるという目的からです．業務の大ベテランでもあるスポンサーなら，ちょっと考える時間があれば適切な解決策を見いだせるでしょう．しかし，その解決策をそのままプロジェクトチームに指示してしまったのでは，彼らは単なる指示待ちに終始してしまいます．そのためスポンサーは忍耐強く振る舞い，GBとチームメンバーが自力で解決策にたどり着けるよう支援します．プロジェクトを通じてGBが一段と成長を遂げられるよう，ゲートレビューや報告会の場で彼らを褒めて伸ばすことも効果的です．

Defineフェーズではテーマを定義してプロジェクト関係者に共有するために，BB/GBがプロジェクトの実行計画書にあたる「チームチャーター」を作成します（図2.1）．その書き方は**SMART**になるように心がけます．

金型交換に伴う作業遅延解消プロジェクト

問題点の記述	成形ラインでの金型交換に起因して最終組立てラインで発生する作業遅延によって，部品生産納期が遅れる事態がたびたび発生している．
ゴールの記述	最終組立てラインにおける作業遅延時間を平均でXX分以下，バラツキをXX分以下に抑えることを目指す．
ビジネスケース	今年度中に主要顧客T社向け部品の生産効率を10%向上させることが求められており，また製品納期遅延の原因になる状況を少しでも減らすことが，顧客からも要望されている． <今年度目標> • 部品生産効率の10%向上に寄与するプロジェクトを行う．
プロジェクトの範囲	ハイレベルプロセス 金型設置 → 成形 → 金型交換 → 最終組立て

プロジェクトの顧客	最終組立てライン
VOC	「作業の手待ち時間をなくしたい」
CTQ	作業遅延時間の短さ

プロジェクトメンバー

氏名	役割	投入時間
鈴木　高志	スポンサー	5%
昴　新一	グリーンベルト	40%
川崎　昇	製造技術課	15%
山羽　初男	成形ラインメンバー	10%
本田　三郎	組立てラインメンバー	10%

スケジュール

D 定義	M 測定	A 分析	I 改善	C 管理	
9月1日	9月10日	10月5日	10月31日	11月30日	12月25日

スポンサー　鈴木　高志　　　グリーンベルト　昴　新一

図2.1　チームチャーターの例

SMART

Specific	（具体的な）
Measurable	（測定可能な）
Attainable	（達成できる）
Relevant	（適切な）
Time Bound	（期限付きの）

2.4 プロジェクトを開始する

GB トレーニングの最初の 2 日間を無事に終えた昴さんは職場に戻り，いよいよプロジェクトのキックオフミーティングを行うためにチームメンバーを招集しました．キックオフの目的は，チームメンバーに対してスポンサーと合意したチームチャーターの共有や活動スケジュールの確認などを行うことにあります．

昴「皆さん，お疲れ様です．ついに僕たちもリーンシックスシグマのプロジェクトを行うことになりました．まずはじめにスポンサーの鈴木さんから取組みテーマについて説明していただきます」

鈴木「ここに集まった皆さんは，すでに LSS アウェアネストレーニング※受けましたね．そこで，ここではプロジェクトで取り組むテーマについて説明します．（プロジェクターで投影したチームチャーターを示して）昴さんに作ってもらったチームチャーターのとおり，本プロジェクトのテーマは“金型交換に伴う作業遅延の解消”です（後略）」

昴「では次にプロジェクトの大まかな流れを説明します．こちらの資料をご覧ください．これから 4 か月間，毎週火曜日の夕方に 30 分間のチームミーティングを予定しています．この時間は鈴木さんにも了解をもらっていますので，皆さん忘れずに集まってください」

※　リーンシックスシグマ未経験者に，理解を促し，意識付けを行うトレーニング

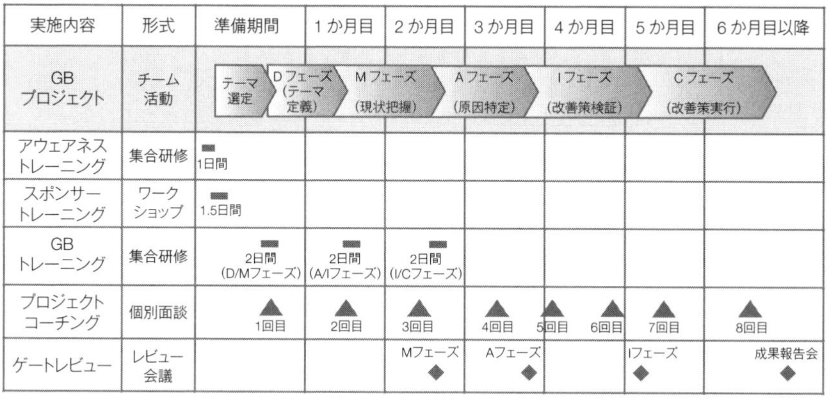

実施内容	形式	準備期間	1か月目	2か月目	3か月目	4か月目	5か月目	6か月目以降
GB プロジェクト	チーム活動	テーマ選定 / Dフェーズ（テーマ定義）	Mフェーズ（現状把握）		Aフェーズ（原因特定）	Iフェーズ（改善策検証）	Cフェーズ（改善策実行）	
アウェアネストレーニング	集合研修	1日間						
スポンサートレーニング	ワークショップ	1.5日間						
GB トレーニング	集合研修	2日間（D/Mフェーズ）	2日間（A/Iフェーズ）	2日間（I/Cフェーズ）				
プロジェクトコーチング	個別面談	▲1回目	▲2回目	▲3回目	▲4回目	▲5回目 ▲6回目	▲7回目	▲8回目
ゲートレビュー	レビュー会議			Mフェーズ◆	Aフェーズ◆		Iフェーズ◆	成果報告会◆

図 2.2　GB プロジェクト活動スケジュールの例（6か月のケース）

プロジェクトは，チームによる討議検討と実務作業を繰り返しながら進めます．そのため定例チームミーティングの日程をあらかじめ決めておいた方が，ずるずると完了期限が遅れることを防止できます．万が一，どうしてもチーム討議に必要な材料が集まっていなければ，定例ミーティングをスキップすればよいのです．

スポンサーは各フェーズの完了確認のために，ゲートレビューを行います．通常，ゲートレビューにはスポンサーと GB 以外に LSS 活動を推進する役目の MBB が同席します．特に初回のプロジェクトでは，スポンサーも GB も LSS 活動の初心者なのでゲートレビューでの押さえ所がわからず，判断に困るケースが目立ちます．ですから，その場で MBB が中立の立場からアドバイスをできたほうが，確実な判断を引き出せます．

プロジェクト開始当初はチームメンバーも気合いが入っているので，ミーティング時の集まりもよいのですが，しばらくたつと業務多忙を理由に欠席者が増えてくることがあります．ある程度の欠席はやむを得ませんが，頻発するようであれば，参加者が多くなる日にミーティング日程を再調整するのも一手です．メンバーが遠隔地に分散している場合には，テレビ会議システムを活用するなどして直接話す機会を設けましょう．GB がチームメンバーと一体感と達成感を共有してもらうことが大切です．間違っても，GB が一方的に命令してチームメンバーに作業だけをやらせるような関係にならずに，現場の共感や支持を得られるよう心掛けてください．

2.5 プロジェクトコーチングを受ける

順調にプロジェクトを立ち上げた昴さんは，これから MBB との個別面談によるプロジェクトコーチングに臨むところです．今回は Measure フェーズの進捗確認を 1 時間のコーチングで行う予定で，担当するコーチは MBB の依田さんです．

依田「簡単に Measure フェーズの進捗状況を説明してください」

昴「Measure フェーズの進捗状況ですが，プロジェクトの第 1 メトリック（Y を測定する指標）は“金型交換によって発生した作業遅延時間(分)”です．チームメンバーに協力してもらい，金型交換時の作業遅延時間を 8 種類ある切替えパターン別に測定しました．先月 1 か月間では各パターンの切替えは 4 回から 8 回ほど繰り返し行われていたので，その状況を箱ひげ図で表しました（図 2.3 参照）．金型交換作業の詳細プロセスマップはまだ作成途中で，次回のチームミーティングで完成させる予定です」

依田「この箱ひげ図からわかることはどんなことだろう？」

昴「金型の取り替えパターンによって作業遅延時間の平均値が異なり，バラツキ方も違うように見えます」

依田「確かにそうだね．この箱ひげ図で明らかに遅延時間の分布が異なるパターンどうしの金型交換作業プロセスを比較してみたら，もっと着目すべき部分が出てくるんじゃないかな」

昴「ということは，切替えパターン別に詳細プロセスマップを作成したほうがよさそうですね」

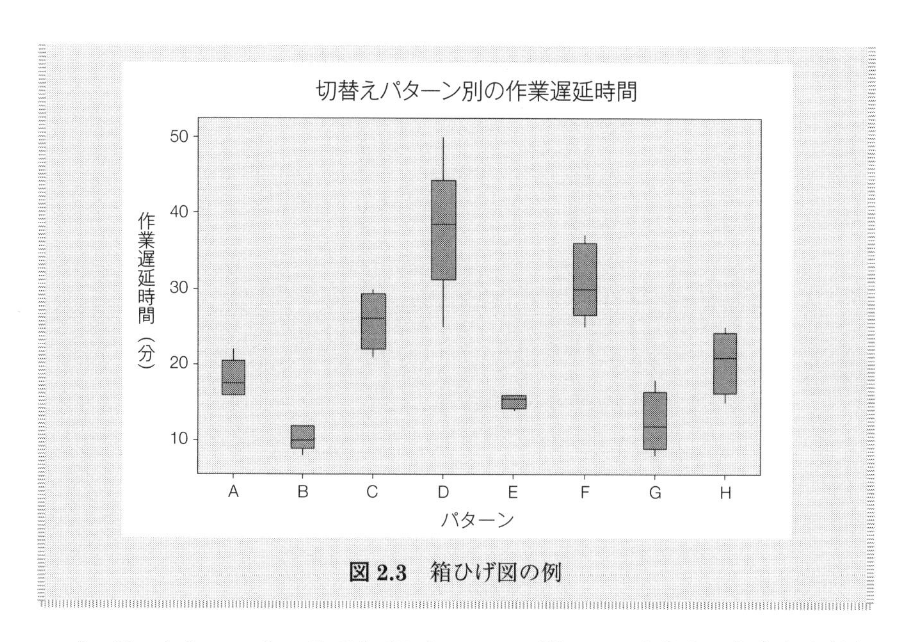

図 2.3　箱ひげ図の例

プロジェクトコーチングでは GB と MBB の間でこのようなやりとりが行われ，個別データの分析方法や突っ込んだ内容の検討を進めます．GB はコーチングの場で自分の頭の整理をしながら，実務経験豊かな MBB と共に原因仮説や因果関係を議論します．

コーチを務める MBB には対象テーマに関する専門知識を有していることが望まれ，GB に対して適切な質問を投げかけることが重要です．ただし MBB が専門知識によって GB より一足先に解決策を見いだせたとしても，そのまま GB に伝えることはしません．スポンサーと同様に，GB が実力で結果にたどり着けるよう根気強くアドバイスします．

しかし，どうしても GB の問題解決力が足りない場合や，スポンサーの期待値やテーマの難易度が高すぎる場合には，通常のプロジェクトコーチングだけでは不十分です．そのような場合には，スポンサーの了解を得て，相手に気づかせる「コーチング」スタイルから，相手に教える「ティーチング」スタイルに切り替えることもあります．スポンサーにしてみれば，人材育成の観点からは好ましくないのですが，プロジェクトで成果を出すことが責任上優先するため，やむを得ない判断といえます．

ちなみにリーンシックスシグマを全社導入したある大手メーカーの推進責任者の方に言わせると，「人材育成のみならず成果創出の観点でも，コーチングというやり方は大切」だそうです．上位者が部下の不足点を直接指摘して即時改善させるよりも，コーチングで本人に考えさせて気づかせるほうが，結果的により大きな成果を生み出す可能性があるということです．

2.6 プロジェクト成果を報告する

GB にはスポンサーや周囲の利害関係者に対して，自らのプロジェクト成果を的確に伝えることも求められます．そのためには効果的にプレゼンテーションを行って関係者に解決策を受け入れてもらい，業務プロセスや変更した仕組みを適切に運用してもらうことも大事です．

昴さんのプロジェクトは終盤の Control フェーズに差し掛かり，明日は製造本部内で「プロジェクト成果報告会」が開かれることになっています．その場では質疑応答の 3 分間を含めて，各発表者の持ち時間はわずか 10 分間しか与えられていません．

昴「遅い時間までプレゼンテーションのリハーサルにつき合ってくださり，本当にありがとうございます」

依田「いや，私としても LSS 活動の第 1 世代となる君たち GB の活躍ぶりを大いにアピールする機会としたいので，全然苦とは思わないよ．とはいえ，まだ発表部分だけで 8 分ほどかかっているので，もう少し説明を絞り込まなくてはならないね」

昴「Analyze フェーズで特定した Vital Few X's（根本原因）の一つである作業者の作業順序と作業動線のバラツキと，Improve フェーズで考えた改善策との関連性を文章で説明せずに図示できれば，このスライドは削減できると思います」
依田「Define フェーズのチームチャーターは，特に説明せずに見せるだけにしたらどうだろう？」

プレゼンテーションの秘訣は「相手の聞きたいことを伝える」ことです．不特定多数の聴衆を相手に全員の聞きたいことに応えるのは容易ではありませんが，社内の報告会であれば参加対象は限られますし，参加者の期待度合いもある程度は想定できるでしょう．

いくら社内報告とはいえ，役員や部長が大勢居並ぶ会場で緊張せずにしっかり話す，というのはなかなか難しいことだと思います．まして話す側も聞く側もリーンシックスシグマの用語になれていない状況では，初出の用語や様々な定義から説明しなくてはなりません．そのため社内報告会の場では，事前に活動推進役から用語説明の資料や報告資料の配付を行うこともあります．

このように短時間のプレゼンテーションの場合，発表資料もパワーポイントのスライド 10 枚程度で収まるストーリーを組み立てる必要がありますし，実際のプロジェクトの進行順序に沿って説明するよりも，思い切って重要ポイントと結論だけに絞って話を組み立てると時間調整も楽です．

質疑応答については，あらかじめ想定される代表的な質問に対する補足説明資料を準備しておくのも一案です．想定外の質問があったときには，無理にその場で答えようとしてしどろもどろになるよりも，別途回答することを伝える，といった臨機応変な対応も必要です．

成果報告会は，同じ苦労を共にするチームメンバーや他プロジェクトのスポンサー，GB が同席してお互いに学び合う場となります．同時期に行われた LSS 活動の総括として同席した役員やスポンサーから一言講評をもらいますし，報告会後に懇親会を行って，普段は離れた事業所で働くメンバーどうしの交流を図ることもあります．

第3章

世界各国のリーンシックスシグマ事情

3.1 日本以外の世界中で盛況なリーンシックスシグマ

今世紀に入ってから，リーンシックスシグマの取組みはグローバル企業や公共自治体などを中心に世界的規模での導入が相次いでいます．正式な数値は公表されてないものの，現在の導入企業数は数万社以上，延べ数百万人以上がLSS活動に従事していると考えられます．その証左として，毎年定期的に世界各地でリーンシックスシグマに関する国際カンファレンスが開かれており，毎回数百名の参加者が集まる盛会ぶりなのです．

実際にリーンシックスシグマの国際カンファレンスに参加してみてわかるのは，次のようなことです．

リーンシックスシグマの国際カンファレンスの様子

●── リーンシックスシグマの国際カンファレンスに参加して気づくこと

(1) 発表者も参加者も改善活動に積極的で大変前向きな期待をもっている

- 欧米の先進国では社員が取り組む改善活動の必要性を強く認識しており，その遂行（英語では engagement と表現）を推奨している．
- LSS 活動に参加する社員が「やらされ感」や「疲弊感」ではなく，自発的で楽しそうに活動を実践している様子が伺える．
- 経営トップから一般社員まで全員参加を目指すことが当たり前といった雰囲気が感じられ，実際に社長，役員クラスの講演者や参加者も目立つ．

(2) 改善の対象範囲となる組織や業種に制約がない

- 社会インフラ業務を担う市役所や公共自治体，政府機関，電力会社，水道局などでの大規模な取組みが珍しくなく，発表事例も多い．
- 製造業だけでなくサービス業，IT 系，中小ベンチャーに至るまでリーンシックスシグマが一般的な改善手法として普及，浸透している状況がわかる．

(3) 新しいテーマ領域や先進的なプロジェクト事例が紹介されるので，参加者に新たな示唆を与えている

- 最近では IoT（Internet of Things）の活用や CX（Customer eXperience＝顧客体験）の実現など，ビジネス上で注目されるテーマとの関連性に着目したプロジェクトを集めたセッションが構成されている．
- 生産性向上やコスト削減だけが主目的というわけではなく，人材育成や社内コミュニケーション改善といったソフト面にも力を入れている様子が見てとれる．

(4) 日本からの参加者はほとんどいない

- この数年，欧米やオーストラリア，シンガポールなどで行われたリーンシックスシグマの国際カンファレンスに参加したが，日本からの発表者（企業）も聴講に訪れる参加者もいないのはとても残念．

このような国際カンファレンスでは，具体的なプロジェクト活動事例の報告だけではなく，優秀プロジェクトやLSS活動が活発な企業に対する表彰式や名刺交換パーティーなども行われ，情報交換や人脈形成に対する参加者の関心の高さを表しています．

これほどまでにリーンシックスシグマが世界に広く認知された結果，2011年には**ISO 13053:2011**（プロセス改善における定量的方法—シックスシグマ）が発行されました．さらに2015年にはシリーズ規格として**ISO 18404:2015**（プロセス改善における定量的方法—シックスシグマ—シックスシグマおよびリーン実施に関する主要専任者の能力と組織の適格性）が発行され，リーンシックスシグマの実践者個人と実践する組織に対する国際認証が可能になりました．

日本国内にいる限り，四半世紀以上も昔の改善手法が今頃になって国際規格化されたり，活動報告会が盛んだったりすることは，とても不思議に見えるでしょう．「シックスシグマの流行など，とうの昔に終わったはずなのに」と．しかしながら国際カンファレンスに集う海外勢の熱心な活動ぶりを目の当たりにすれば，むしろ当然の結果だと感じるはずです．継続的改善は企業価値を高めるための非常に有効なやり方であり，ビジネスパーソンなら誰でもやるべきことだからです．そう考えると私たち日本人にとってはあまりにも当たり前になってしまい，ややもすれば見過ごしがちな「改善」の価値を，彼らは経営の観点から最重要視しているからかもしれません．

3.2 世界各国の活動状況

前述したとおり，日本以外の国ではLSS活動はごく一般的に行われる改善活動となりつつあります．そこで世界各国におけるリーンシックスシグマ事情を簡単に紹介します．

(1) 欧　州

英国はISOのTC 69/SC 7（シックスシグマのための統計的手法の応用分科委員会）における共同議長国で，ISO 18404の提案国です．このISO 18404は英国王立統計協会（RSS）と英国規格協会（BSI）が主導的に策定に関わり，リーンシックスシグマを実践する組織と要員の認証制度設立に尽力してきました．

英国内では，主要産業である金融サービス業やIT分野，国民保健サービス(NHS）や水道事業者などの公共事業でもリーンシックスシグマが導入されています．フランスでも発電所や液化天然ガスを供給する巨大エネルギー供給事業者における大規模な取組みや，生命保険や損害保険会社，グローバル運輸物流会社などによる全世界規模の導入例が目立ちます．また通信や自動車などのハイテク機器メーカーが集まるドイツやスウェーデンでは，長年にわたりDFSSの取組みが盛んで，ユニークで先端的な活動内容が報告されています．

(2) 中　国

中国はISO TC 69/SC 7の議長国であり，国の機関である中国質量協会(CAQ：China Association for Quality）が主導して，国策としてリーンシックスシグマの導入を推進しています．中国質量協会に設けられた「リーンシックスシグマ管理推進工作委員会（専門家委員会)」が，BBやGB向けの国定教科書を制定しており，MBBとBBの国家認証試験を実施しています．また毎年春に「全国品質技術奨励大会および全国シックスシグマ大会（National Conference on Quality Technical Awarding & National Six Sigma Conference)」が開催され，3000社以上の参加企業から優秀企業や優秀プロジェクトが表彰されます．

中国内では，主要産業である製造業だけでなく，リーンシックスシグマを導入する銀行や旅行業などのサービス企業でも優秀企業が表彰されています．当初は国営企業の経営品質向上が目的でしたが，近年では外資との合弁企業でも活動例が数多く報告されています．

(3) 米 国

米国はシックスシグマの発祥国なので，そのお膝元の米国品質協会（ASQ：American Society for Quality）が長年にわたって独自にBBやGBの資格認証を行ってきました．ちなみに米国品質協会の認証資格取得者数は全世界に10万人以上いるともいわれます．もともと米国が2003年にISO/TC 69に対してSC 7の前身となる検討グループ設置を働きかけた経緯もあり，国際規格検討でも大きな影響力をもっています．

米国内では，モトローラやGEの影響もあり，グローバル企業ならあらゆる業種でリーンシックスシグマを導入しているケースが非常に多く，また20年以上米軍で採用されていることにより軍事防衛産業や宇宙航空産業でも活発な活動が行われています．さらに病院や製薬企業など規制に縛られているヘルスケア分野でも事実上のデファクトスタンダードとして扱われていますし，市役所などの自治体や公共サービス業でも数多くの導入例があります．

(4) アジア・中東圏

アジア圏の新興国では，中国と同じように国家的なリーンシックスシグマの取組みが推進されている例が多く見られます．例えば，シンガポールでは，保健省が国立病院群への導入を後押ししていますし，韓国では1997年の通貨危機の際，意図的に財閥系企業への導入が行われました．最近ではインドや中東のクウェートでも国営企業での実践例なども報告されています．

中国の場合と同様に，LSS活動が企業組織力強化や幹部人材育成に好適との評価から，国内や地域の産業振興策の一環として政策的に導入が図られています．

新興国においては企業競争力向上のために改善手法を学ぶだけでなく，主要取引先である先進国企業とのリーンシックスシグマを「共通言語」にしたコミュニケーション・プラットフォームとして活用したいというのが，その導入を推進する側の意図です．

(5)　その他の国々

その他の国々でも様々な活動が行われており，例えばオーストラリアの三大銀行ではいずれもCCD（Customer Centric Design：顧客中心主義）を合言葉とするLSS活動が行われ，他行とのサービス差別化創出に躍起になっていますし，カナダでは，小中学生向けにリーンシックスシグマを教える授業が行われている州もあるそうです．最近は中南米でも，外資系資本の入った製造業を中心とする事業会社における取組みが報告されるようになりました．

3.3 リーンシックスシグマ導入の必要性

日本国内では，主に次のような場合にリーンシックスシグマの導入が行われてきました．

●── 日本国内のリーンシックスシグマ導入例

例1）グローバル外資系企業において日本の事業所でもリーンシックスシグマを導入するように本国から指示された．

例2）（日本企業，外資系企業を問わず）主要取引先からリーンシックスシグマの導入を求められ，対応する当該部門（もしくは全社）で導入した．

例3）（日本企業で）社外から来た新社長がリーンシックスシグマの導入を決断した．

いずれの場合でも，現場は受け身であり，やむを得ずといった消極的な動機が多いようです．しかし，今後ISO規格による組織認証が普及した場合には，例2)のケースが増えることも予想されます．このような現状に鑑みると，海外の取引先や本社からの外圧がかかってから，しぶしぶリーンシックスシグマを行うよりも，状況をもっと前向きにとらえたほうがよいのではないでしょうか．

日本国内で改善活動と言われても社員がいまひとつ前向きになれない理由は，その目的がコスト削減一辺倒であったり，リストラ（あるいは人員削減）の手段だと勘繰られてしまうおそれがあるからです．リストラの必要性は否定しないまでも，トップマネジメントが改善の行く末の姿を明示しないまま，自らの首を絞めるような改善活動を社員に行わせることには無理があります．日本でリーンシックスシグマが普及しない背景は，手法そのものというよりも，改善活動の進め方や動機付けにあると，筆者は考えます．

改善活動は，今のやり方をよりよくすることが目的です．そのためにLSS活動では，次の考え方をベースにプロセス改善に臨みます．

●── LSS 活動の基本的な考え方

（1） 顧客志向

- VOC（顧客の声）を集め，顧客視点に立ったテーマを選ぶ．
- 顧客と会社の双方の利益を考えながら，解決策を検討する．

（2） プロセス志向

- 「プロセスを憎んで，人を憎まず」で個人の責任追及に終始しない．
- 仕事のやり方やルール，仕組み自体が改善の対象と考える．
- 業務プロセスの可視化によって，問題点を共有する．

（3） データ重視

- ベテランの勘・経験・度胸（KKD）だけに頼らず，データをもとに科学的な分析を行う．
- データの可視化を行い，現状や論点をグラフや図で共有する．
- 判断のための指標を決めて，基準値と比較できるようにする．

（4） トップダウンの優先順位付け

- テーマや解決策の優先順位を示し，全体最適の視点で判断する．
- 経営者やスポンサーがタイムリーに判断できるようにする．

（5） ステップに沿ってきちんと進める

- DMAIC のステップに沿って問題解決を進める．

- きちんとした原因究明を行わないまま，思い込みで解決策を適用しないようにする.

もし社員一人ひとりがこのような考え方をもって自発的に問題の解決を実践できるなら，その企業の有する潜在価値は計りしれないほど高くなるはずです．このような業務遂行レベルを欧米では「オペレーショナル・エクセレンス」や「プロセス・エクセレンス」と呼び，業務プロセスの究極的な姿とされています．プロジェクトによって得られるものは，財務的な成果ばかりではなく，プロジェクトの経験によって著しく成長を遂げたリーダー人材や円滑なコミュニケーション・プラットフォームといった活動基盤形成も含まれます．したがって，リーンシックスシグマの必要性は，日常の業務運営において当たり前のことを当たり前にできるチームにするためであって，個人個人が何か特殊な能力を身につけるものではありません.

数年前に話を聞いた新興国にある世界的に有名なホテルグループでは，社員全員がリーンシックスシグマを学んで改善を実行したことによって，組織への帰属意識が高まり，社員の離職率が大きく下がったそうです．通常では考えにくいことですが，そのカギは自らの改善活動によって業務効率を上げて浮いた分の時間を，ホテルの利用客のために自由に使えるようにするという発想にありました．それは常に利用客の役に立ちたいと考える社員にしてみれば，願ってもない機会を与えられたことになるわけです．つまり，LSS 活動が顧客満足を高めながら社員満足も高めるという一石二鳥の役目を果たしたのです.

改善活動に対するこうしたユニークな発想は，今の日本ではなかなか出てこない状況であることを非常に残念に思います．私たちがリーンシックスシグマを学ぶことによって，今一度日本がこの分野における主役として世界の注目を集める時代がくることを願ってやみません.

第4章
リーンシックスシグマに関するよくある質問

lean six sigma

リーンシックスシグマに関する様々な質問に答えるコーナーです．

今後読者の皆さんが直面するかもしれない悩みを取り上げましたので，参考にしていただければ幸いです．

Q1 ブラックベルトの資格はどうすればとれるのでしょうか

BB や GB などの肩書きは，もともと最初にシックスシグマを始めたモトローラの社内でのみ通用するものでした．しかし，多くの企業に（リーン）シックスシグマが広まるにつれ，各社が独自の基準を設けて社内資格として認証を行うようになり，最近では中国のように国家で認証を行う国も出てきました．

そのため 2015 年に ISO が発行した ISO 18404 では，リーンシックスシグマを実践する個人と組織を対象に国際標準に基づいた認証を行う仕組みが提起され，2017 年からは英国が国際認証のトライアルを始めています．

ISO 18404 に基づいた BB や GB の資格を取得するためには，次の 3 条件を満たす必要があります．

【条件①】（あらかじめ認証を受けた）企業や教育機関が提供するトレーニングを受講する．

【条件②】資格希望者自身が遂行した実際のプロジェクト実績を示す．

【条件③】（あらかじめ認証を受けた）審査機関が行う認証試験に合格する．

このうち【条件②】を満たすには，シックスシグマやリーンシックスシグマの活動を導入し，実践している組織に所属していなければ難しいと考えられます．つまり個人資格の認証は，あくまでもシックスシグマやリーンシックスシグマを導入した組織に対する活動貢献の結果であって，個人が資格だけ単独で取得することは想定されていません．

海外では「○○ドルで BB 資格が取得可能！」といった宣伝が行われているようですが，いずれは淘汰されることになりそうです．

Q2 マスターブラックベルト経験者を中途採用すればリーンシックスシグマの導入は成功するのでしょうか

筆者たちも LSS 活動経験者の採用に関する相談を頻繁にいただきます．社外から人材を獲得してリーンシックスシグマの導入を成功させるには，次の点に留意する必要があります．

- 経営者や幹部社員がリーンシックスシグマの導入に前向きか，少なくとも理解がある．
- MBB が活動推進役に徹することができる環境が用意されている．
- MBB 以外の LSS 活動参加者の工数の確保が見込める．
- 社内にトレーニング用コンテンツ（テキストなど）を有している．

など

ただ単に外部から MBB 経験者を入れて社内展開をリードさせればよいだろうというのは，安易過ぎると言わざるを得ません．活動基盤を作らずに放っておけば，結果的に MBB だけが孤立するおそれがあります．またテキストなどのトレーニングコンテンツもゼロからつくるのはとても労力と時間を要します．

社内に活動を推進する仕組みをつくるうえで，はじめから LSS 活動の進め方を理解したMBB経験者がいることは心強いのですが，MBB以外のスポンサー，BBやGBといった他の役割の人材を配置，育成しないと，いつまでもプロジェクトが始まりません．

これらの状況を打開できる覚悟と準備があれば，外部から経験者を迎えることも有効な手段だと考えます．

Q3 海外の取引先からリーンシックスシグマの導入を求められた場合はどうすればよいのでしょうか

近年，国内企業でよく見られるのがこのケースです．特に海外の取引先企業からは直接指示されることがあり，その要求内容も様々です．

●── よくある要求内容の例

- いきなり取引先のMBBが業務監査に訪れ，自らが実施するトレーニングを（英語で）受講するよう求められた．
- 顧客から提出する品質データを「Minitab*」のデータ形式で送るよう依頼された．

  * 米Minitab社が提供する統計分析ソフトウェア
- 買収した海外工場のMBBから，日本の本社に対してリーンシックスシグマの導入を逆提案された．
- 海外拠点の取引先から，取引条件としてBB/GB資格者が一定人数在籍していることを示すよう求められた．
- グローバル企業に買収された後に，海外の本社からリーンシックスシグマの導入を指示された．
- 外資系（特にGE）出身の経営者や上司からリーンシックスシグマを勉強するように言われた．

など

今のところこうした要求は民間企業のみで行われていますが，将来的なISO規格による組織認証や資格認証の普及しだいでは，国や自治体からリーンシックスシグマの導入を求められる可能性があるのかもしれません．

ある日突然「やれ！」と言われてすぐに立ち上がる活動ではないので，少しずつでも社内で検討を進めておいてはいかがでしょうか．

Q4 リーンシックスシグマの活動以外でもDMAICは使うのでしょうか

この質問に対する答えは「はい」です．

外資系企業や製薬業界で行われている「オペレーショナル・エクセレンス(OPEX)」や「プロセス・エクセレンス（PEX)」と呼ばれる活動でも，問題解決のステップとしてDMAICが用いられます．この場合は，必ずしもそれらの活動に従事する役割のBBやGBといった肩書きは使われませんが，手法が共通している点ではリーンシックスシグマに類似しています．それ以外にも，シックスシグマに似た活動で同様の役割名称やDMAICのようなステップが用いられているケースも見られます．

またDMAICとよく対比されるのは，従来からプロジェクトマネジメントで使われる「PMBOK」です．米国の非営利団体PMI（Project Management Institute）が策定したPMBOKでは，プロジェクトを遂行する際には五つのプロセスグループ（立上げ，計画，実行，監視・コントロール，終結）で進めることになっています．

このようにDMAICは，汎用的な問題解決のステップとしていろいろな業界や分野で用いられています．

Q5 統計分析手法をどこまで理解すればよいのでしょうか

統計分析手法と聞いただけで多くの方は尻込みされるかもしれませんが，パソコンで使える統計分析ソフトウェアが整った現在，面倒な数値計算を手計算で行うことはありません．Microsoft Excel の標準的な関数計算だけでもかなり複雑な統計分析が行えますし，Minitab のような統計分析専門のソフトウェアを使えば，ボタン操作のみで瞬時にグラフが描けます．また「R 言語」のように無償で提供されている統計分析ソフトウェアもあります．

ソフトウェアの使い方もさることながら，LSS 活動の参加者に求められることは，「いかに適切な（定量）データを正しく収集するか」です．不適切なデータを頑張って分析したところで誤った認識しか得られませんから，サンプルデータの数，データ収集の範囲や期間，測定系（データを測る尺度）などに十分気を配ることが大切です．

表 4.1 に各ベルトに求められる統計分析手法の理解（概要）を示しました．

統計分析手法を的確に使いこなすには，それがどんな種類のデータにおいて有効な手法なのかを正しく理解する必要があります．確かに統計分析ソフトウェアは大変便利ですが，入力データが間違っているかどうかまで判定して，修

表 4.1 各ベルトに求められる統計分析手法の理解（概要）

ベルト名	データ分析における役割	理解が必須なもの	理解を推奨するもの
YB	データの測定，収集	ヒストグラム，箱ひげ図，正規分布，管理図	相関分析，単回帰分析，工程能力分析
BB/GB	データの分析	相関分析，単回帰分析，分散分析，工程能力分析，実験計画法，統計的仮説検定	重回帰分析，多変量解析法，タグチメソッド
MBB	データ分析の教育指導	上記すべてを教えられること	信頼性工学，ロバストパラメータ設計，応答局面探索法

正することはできないので，その点に留意して活用してください．

Q6 プロジェクトの財務成果をどのように表せばよいでしょうか

業務時間内に行うプロジェクトの成果はできるだけ財務上の成果に換算できたほうがよいのですが，日常的に用いられる財務諸表や管理会計上の指標にそのまま当てはまるものばかりとは限りません．

なぜなら，プロジェクトが終了した直後に財務成果が確認できるとは限りませんし，直接的に測れない二次的な財務成果もあります．プロジェクトに関わったBB/GBやチームメンバーの工数（＝人件費）を投資コストとして扱うのか，単なるコストとみなすのかどうかもあらかじめ決めておかなくてはなりません．またどこまでがプロジェクトによる貢献分なのか範囲を区別できないとその分の投資対効果はわかりませんし，いつからいつまでをプロジェクトによる成果の創出期間と考えるのか，といったルールも必要となります．

一般にLSS活動における成果は，表4.2のように分類します．

表4.2 LSS活動の成果分類（例）

区　分	分　類	指標	例
金額で直接測れるもの	財務に反映できる成果	金額	売上金額 廃棄コスト金額
	財務に反映できない成果	金額	労働生産性 製品利益率
金額では直接測れないもの	財務とは別の数値で測れる成果	係数	顧客満足度 企業認知度

既存の業務活動では目に見える財務成果以外は測りにくいため，このような成果算定の仕組みが整っていることはあまりありません．例えばプロジェクトによって製品開発期間を短縮した場合，その財務成果は開発予算を下回った分の工数（人件費）とするのか，市場投入を早めたことでより多く売れた分の売上金額とするのか，その利益分のみとするのか，といった全社的な議論と合意

が必要です．

したがって，リーンシックスシグマの導入後１～２年かけて社内で具体的な成果算定の事例を蓄積し，自社に妥当な成果算定方法なのかどうかを検証することになります．

事例編

リーンシックスシグマによる活動事例紹介

事例編では，四つの事例を紹介します．

事例はいずれも，実在の人物によって，実際に行われたプロジェクトや活動をモデルにしたフィクションです．各所に脚色を加えていますが，実際の活動をイメージできるよう，ストーリー形式にしました．事例どうしのつながりはなく，どのような順番でも読み進められるようになっています．

また，各章の最後に「学びシート」をつけています．事例を読み進める中で，あるいは読んだ後に，気づきや学びなどを整理する際にご活用ください．

この事例が，リーンシックスシグマに対する理解を深めるとともに，皆様の取組みとの違いなどを考えるきっかけになれば幸いです．

【事例中の用語】

VOC ： Voice Of the Customer の略．顧客の声のこと
CTQ ： Critical To Quality の略．顧客と会社にとって重要な品質のこと
LSS ： リーンシックスシグマの略
BB ： ブラックベルトの略
GB ： グリーンベルトの略

第5章

匠の「ワザ」を科学する

中堅補聴器メーカー　品質保証部門発信の品質改善

「耳の穴が痛い」という，耳が痛い話

「“高いお金を払ったのに，耳の穴に合わなくて痛いから，結局あんまり使ってない”って言われました」

電話口から聞こえる販売店スタッフの声は，事務的ながらどことなくいらだちを感じさせる．品質保証課マネージャー丹沢の手元にあるのは，修理品となって戻ってきたオーダーメイド補聴器．無償修理依頼の理由欄が不明瞭だったため，販売店に問い合わせたところ，返ってきた回答である．

丹沢が勤務する中堅補聴器メーカーG社は，中規模ながら着実に成長を続けている．製品は，直営の補聴器センターだけでなく専門店やメガネ店，さらには一部家電量販店でも取り扱われている．高齢化社会のニーズに応えるべく，オーダーメイド補聴器にいち早く着手したことが功を奏して，数年前から既製品売上げを超え売上全体の7割近くを占めるまでになっていた．価格競争が激しい既製品ビジネスから脱却できたことが，その後の成長につながっている，といっても過言ではない．しかし一方で，既製品ではごくわずかだった無償修理依頼がオーダーメイド補聴器では一定量発生しており，それが販売収益を引き下げていることも問題になっていた．

G社では，月によって多少の変動はあるものの，毎月200件近くの無償修理依頼が発生しており，受付けはすべて品質保証課で行っている．これまでも，販売店へのメンテナンス説明強化のお願いや，耳型採取講習の実施などを品質保証課主導で実施してきたが，残念ながらあまり効果が出ていないのが現

状である．

修理の実情を一番知っているのは品質保証課ではあるものの，お客様との接点をもつのは販売店，実際の製品を作っているのは工場で，品質保証課は直接何か手を打てる立場にはない（図 5.1 参照）．修理を受け付け，工場に取り次ぎ，戻ってきた製品をチェックして販売店に送り，不良発生原因を集計して報告する，それが品質保証課の日常だ．お客様の不満を間接的に聞いても，それをどうにかできるわけでもない．そんな日々を送る丹沢のもとに，届いた 1 通のメール．それは，「GB として選ばれた」という課長からの連絡だった．

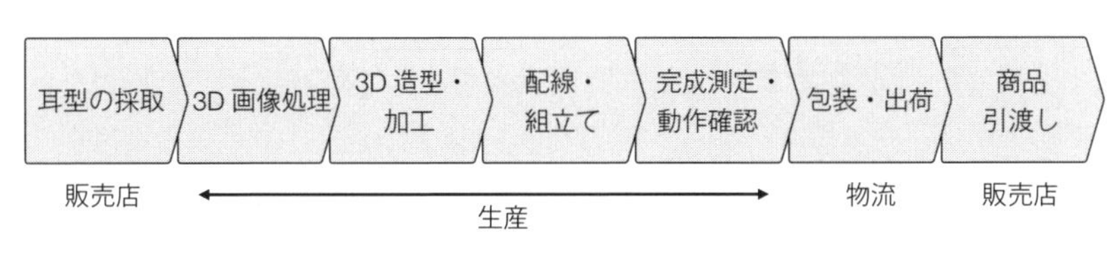

図 5.1　オーダーメイド補聴器　工程の概略

テーマ選定～ Define
「何を良くするのか」を話し合う

課長からのメールが届いてから 2 週間後，丹沢は製造部長とプロジェクトテーマについて打合せをすることになった．課長によれば，生産技術課からも GB が 1 名選ばれたため，プロジェクトのスポンサーが課長ではなく製造部長になったらしい．日頃あまり接点のない部長と直接やりとりすることになる，と考えただけで少し気が重いが，「間に課長を介することも，同席してもらうこともできない」と課長にはあっさり釘を刺されている．「厳しいけど，いい人だから」と言われたところで，この緊張は和らがない．

事前に宿題として出されたのは「品質ロスコストの内訳」と「無償修理の発生事由別内訳」をまとめておくこと．丹沢は不安を抱えながらも，作成した資料を持って打ち合わせに臨んだ．

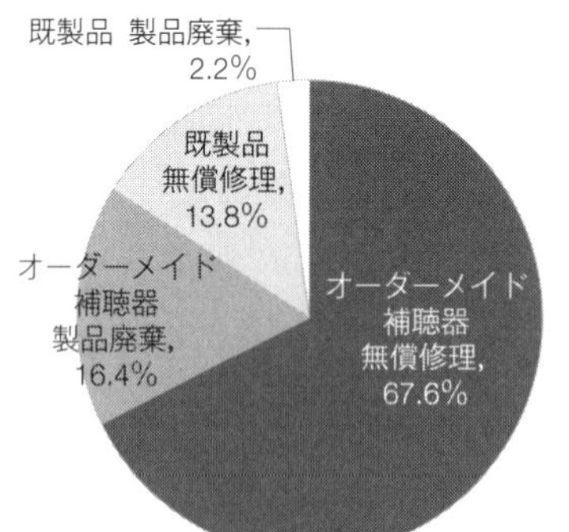

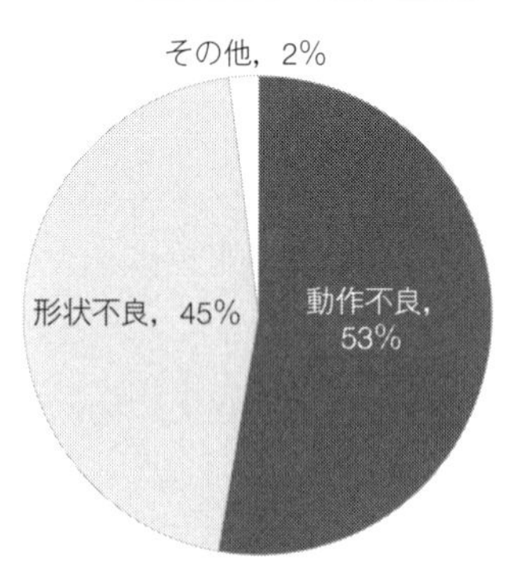

図 5.2 品質ロスコストの内訳，無償修理の発生事由別内訳（年間）

生産過程から販売後も含め，製品品質に何らかの問題があったために発生する「品質ロスコスト」は，昨年度 1 年間で約 5000 万円．うちオーダーメイド補聴器の無償修理にかかっているコストはその 67.6%を占めているが，これは，オーダーメイド補聴器の製品売上げの約 0.6%に相当する金額だ．既製品の無償修理コストが売上げの 0.3%程度だったことを考えると，割合として倍になっている．これこそが，日々丹沢が「何とかしたい」と思っていた問題点だったが，初めて見た生産技術課の GB は，その数字の大きさに驚いていた．数日前の GB トレーニングで顔を合わせた際に，「製造過程の製品廃棄削減をやりたい」と彼は口にしていたが，この資料を見て，製造部長の「無償修理件数を削減してほしい」というリクエストに納得した様子だった（図 5.2 参照）．

G 社では，明らかに顧客による破損や故障と判断できない限り，販売から 1 年間の保証期間中に発生した修理依頼には無償で対応している．その理由は様々だが，大きく分けると，何らかの理由で正常に動作しない「動作不良」と，形が合わないために何らかの不具合を起こしている「形状不良」の二つに分類される（図 5.3 参照）．昨年 1 年間の無償修理は約 2300 件だったが，動作不良によるものが 53%，形状不良によるものが 45%という内訳になっていた．

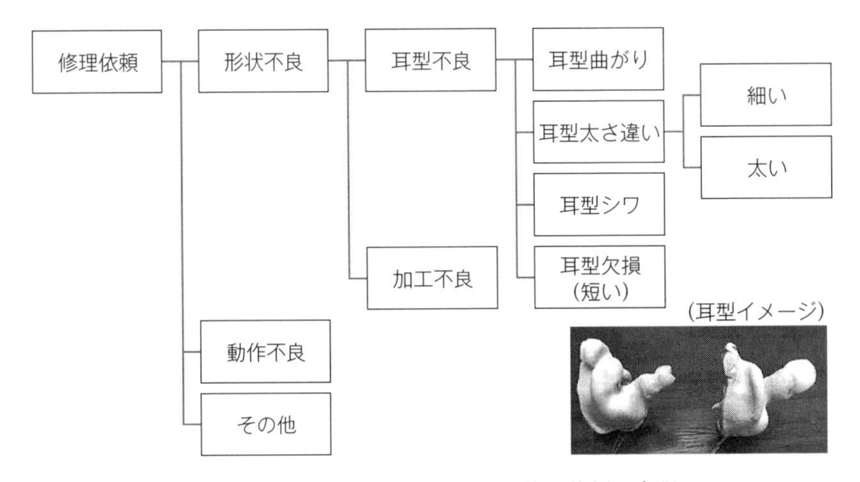

図 5.3 オーダーメイド補聴器　修理依頼の内訳

その後，それぞれの不良を発生させている事由についても議論し，丹沢は形状不良，特に，加工以前に採取した耳型が耳の型に合わず何らかの問題を引き起こしている「耳型不良」に取り組むことになった．「耳が痛い」，「音がこもる」など，販売店経由で聞く顧客の声が，丹沢の中でずっと引っかかっていたことがきっかけだったが，これが形状不良の約 8 割を占めていることが決定打になった．生産技術課の GB は，構造や技術的な側面の多い動作不良に取り組むことになった．

「性能の高さもさることながら，故障や不具合のない補聴器こそ，顧客が望んでいる製品．自社の品質ロスコスト削減ではあるものの，ぜひ顧客のために改善をしてほしい」

打合せの最後に出た製造部長の一言に，丹沢はハッとした．

販売店経由とはいっても，製造部門の中では一番顧客に接している，と丹沢はひそかに自負していたし，研修で「顧客志向」と言われても，「何を当たり前のことを」と正直思っていた．しかし，頭でわかっていることと，実践することには大きなひらきがあり，それは思った以上に難しいのだ，と反省したのである．

その後，プロジェクトテーマを持ち帰った丹沢は，品質保証課と販売店課のメンバーを入れ，プロジェクトを立ち上げることになった．販売店課は営業部の一部ではあるが，日頃から一緒に打合せをすることも多く顔見知りばかりでやりやすそうだ．

早速，なぜこのプロジェクトテーマに取り組むことになったかを共有した上で，CTQ について議論した．そして，「耳型不良による無償修理件数の少なさ」をプロジェクトの CTQ とすることで合意したのである．

Measure 何とかしなければならない「耳型不良」とは？

丹沢は，最新の「悪さ加減」を調べることにした．直近 3 か月の販売台数に対する，同期間の耳型不良による無償修理件数の割合（不良率）は 0.6%．Excel を使うまでもなく不良率が出たことに一度は満足したが，ふと疑問が浮かぶ．

直近 3 か月に無償修理依頼があった製品は，いつ販売されたものなのだろう．保証期間が 1 年なので，最長でも 1 年前なのは確かだが，販売台数は月によって変動している．つまり分母である販売台数が変わると，不良率も変わるということだから，結構重要な問題だ．そしてもう一つ．具体的にどんな耳型不良なのか，詳細を分類しなくても大丈夫だろうか．修理依頼伝票には「曲がり」とか「太さ違い」などが書かれているが，具体的な内容は電話で確認することが多く，その確認の仕方も記録の残し方も担当者によってバラバラなため，どんな耳型不良が多いかは肌感覚でしかわからない．そこで丹沢は，次回のプロジェクト会議でこの疑問についてメンバーと議論をすることにした．

プロジェクト会議の結論として，不良率については，3 か月間ではなく過去 1 年間で集計することになった．一方，耳型不良の内訳については，思いのほか議論が白熱した．形状として「曲がっている」，「細い」ということと，それによって発生する「痛い」，「音がこもる」といった不具合は必ずしも一致せず，顧客が感じているのは不具合だ，という販売店課メンバーの意見が全体を大きく動かした．しかし，「どうやって調べるのか」，「調べられないのでは」という意見もあり，調べ方を丹沢と販売店課メンバーで調査することになった．

電話ヒアリングや訪問面談などによる調査の結果，統一された書式ではないものの，販売店には顧客情報をまとめたカードのようなものがそれぞれ存在し，無償修理依頼伝票の控えなどを合わせると，具体的な耳型不良と，それによって発生している不具合がある程度把握できることがわかった．

販売店課の提案で，営業課にも協力してもらった甲斐あって，データ収集が何とか無事に終了し，改めて集計をする．不良率（販売台数に対する，耳型不良による無償修理依頼件数の割合）は0.7%，と，直近3か月よりもやや悪い結果だったが，ほぼ想定の範囲内というところである．そして，この内訳集計には丹沢なりの工夫をした．

補聴器は，顧客に使ってもらってこそ意味があり，それを明らかに阻害するような不具合はより深刻にとらえるべきではないか，というメンバーとの議論をもとに，販売店スタッフのアンケートをとり，不具合に重み付けをしたのである．例えば，ゆるく感じるよりも，ハウリングや音のこもりは深刻，という具合に重み付けし点数化したのだ．その結果，耳型不良件数の6割を占める，耳の穴に対して耳型が歪んでいる「耳型曲がり」と，耳の穴に対して太さが足りない「耳型が細い」という不良が解消すべき耳型不良であることがわかった（図5.4参照）．

そこで，丹沢たちは，どんなプロセスを経て耳型不良が生まれているのか，耳型採取のプロセスマップを作成することにした．

プロセスマップを実際につくってみると，細かな点でスタッフごとの「作業のやり方」にバラツキがあることがわかってきた．基本的には，耳型採取マニュアルに従って作業が進められているが，耳型を採取する際に使用する材料の混合の仕方や，型剤を耳に注入して型をとる際の微妙な手加減，固まった耳型の取り出し方など，スタッフによって微妙に違っていたのだ．また，採取した耳型を加工に出す前に現物確認していたり，していなかったり，その確認の仕方にもバラツキがあった．

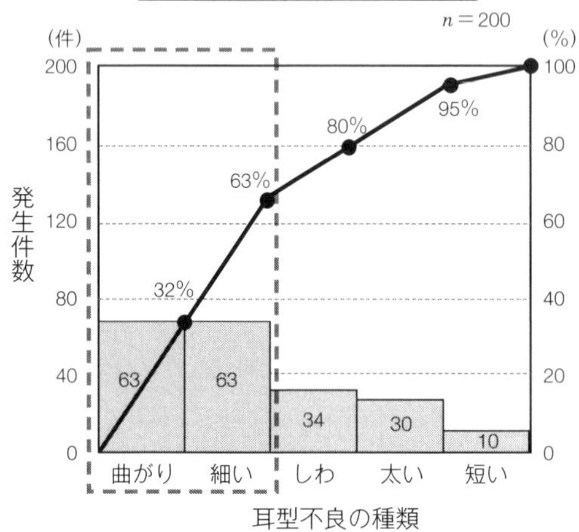

不良種類別スコアリング結果

		ハウリング	痛い	響く・こもる	入れにくい	ゆるい	短い	合計
	ウエイト	9	9	9	3	3	1	
件数	曲がり	5	30	23	3	2		63
	細　い	54				9		63
	し　わ	8	2	2	20		2	34
	太　い	2	10	2	16			30
	短　い	2					8	10
スコア	曲がり	45	270	207	9	6		537
	細　い	486				27		513
	し　わ	72	18	18	60		2	170
	太　い	18	90	18	48			174
	短　い	18					8	26

図 5.4　不良種類別件数と不良種類別スコアリング結果

Analyze　どうにもならないのか？　どうにかなるのか？

なぜそのようなバラツキが発生するのか考える中，丹沢は再び疑問を感じた.「本当にこの作業のバラツキが，全部耳型形状の不良につながっているのだろうか？」と．作業の仕方が微妙に違っていたとしても，耳型形状に何も影響を与えないのだとしたら，そこに手を打つ意味はないはずだ．プロジェクトメンバーを巻き込んで議論した挙げ句に「結局意味がありませんでした」というのでは，どう考えてもまずい．一度沸いた疑問はどんどん膨れ上がり，不安だけが募っていった.

そこで，作業のバラツキが耳型形状にどんな影響を与えるのか，丹沢はいったん議論を止めて調べてみることにした．しかし，販売店の作業者全員を調べることはできないので，バラツキの大きかった販売店と小さかった販売店を一つずつ選び，プロジェクトメンバーにも協力してもらって，販売店スタッフそれぞれに張り付き，各プロセスにかかる時間や作業方法の特徴を観察した．さらに，その結果と過去の耳型不良との関係を分析してみた.

その結果，いろいろなことがわかってきた.

① 型剤混合作業のバラツキは，不良発生とほとんど関係がない.
② 耳の穴への型剤注入時間が短いと耳型が細くなり，長いと太くなる.
③ 型剤注入器具の扱い方のバラツキは，不良発生と関係がない.
④ 型剤注入後の硬化時間が短いと，耳型曲がりが発生しやすい.
⑤ 型剤取り出し作業のバラツキは耳型曲がりに影響するが，硬化時間が長いと影響は出ない.

耳型採取のプロセスにおいて，耳型不良，特に「耳型曲がり」と「耳型が細い」に影響を与えているのは，型剤注入時間と硬化時間のバラツキだということがはっきりした（図 5.5 参照）．要は，この二つがなぜ起きるのかを考えればよいのだ．手間と時間のかかる調査を実施するのは正直不安だったが，この結果を前に，丹沢だけでなく，協力してくれたメンバーも手ごたえを感じた．

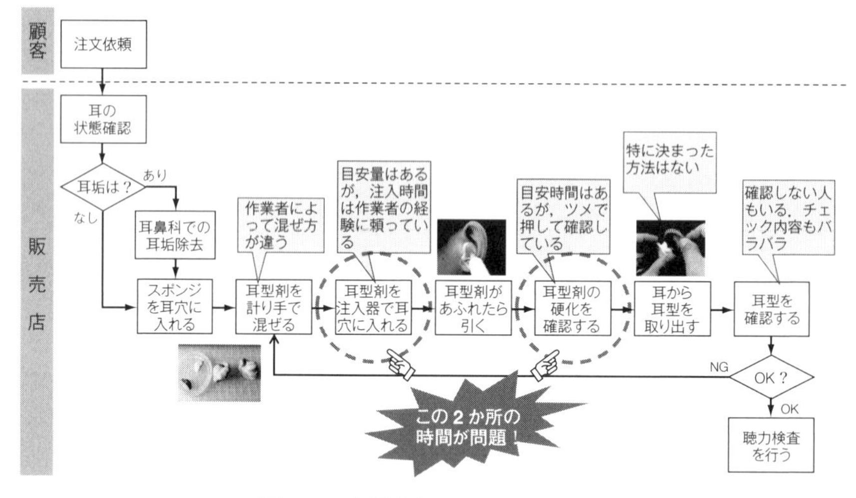

図 5.5　耳型採取のプロセスマップ

なぜそんなバラツキが発生しているのか，についてもスタッフからの聞き取りでヒントが得られ，その後のプロジェクト会議では活発な議論が展開された．

耳型採取マニュアルに掲載されている硬化時間は，幅をもたせた表記になっている．また，型剤注入に関しては，時間の記載すらなく，「あふれたら」という感覚的な表現があるのみ．これらが，型剤注入時間や硬化時間のバラツキを生んでいるのだ．しかし，耳の穴の大きさや形は人によって様々で，注入しなければならない型剤の量も，硬化にかかる時間も微妙に異なる．さらに，温度や湿度によっても型剤が硬化する時間は変動する．こうした事情もあって，型剤メーカーの硬化推奨時間も幅のある形式で提示されていた．このマニュアルをもとに耳型講習が行われていて，感覚的な部分は口頭で講師が補足しており，そこにも微妙な違いがあることがわかったが，その感覚は経験がモノをいうので定義するのは難しい．

議論はそこで行き詰まった．ここまでやってきたのに，手が打てない原因しかないのだろうか．と，そのとき，ふとメンバーの一人が口にした「誰か確かめたのかな？」という一言に，丹沢は大げさではなく衝撃を受けた．

マニュアル作成には丹沢も参加していたが，型剤の硬化時間については，メーカーの推奨する時間をそのままマニュアルに掲載しただけで，実は誰も推奨時間に対する検証試験をしていなかった．もっというならば，検証試験どころか推奨時間の前提条件も，メーカーが提供する資料やホームページでしか確認しておらず，詳細な内容を問い合わせたりしていなかった．型剤注入については，型剤メーカーの資料にも型剤注入の推奨時間自体が掲載されていない．だからといって推奨時間等を確認するわけでもなく，「あふれたら」という表現をそのまま踏襲していたのだ．その後も，型剤種類や配合割合が変更されるたびにマニュアルは改訂してきているが，やり方は同じである．

どうにもならない，と思いこんでいた原因だったが，見方を変えると手が打てそうな気がしてきた．チームで議論するのは，やっぱりよいものだ．さらに，なぜ検証試験や各種の確認を行っていないのか，について議論した．実は，オーダーメイド補聴器の発売当初は生産技術課で実施していたが，その資料は保存されておらず，それ以降，検証試験プロセスや確認プロセス自体がなくなり，メーカー推奨時間や情報をそのまま掲載する，というプロセスになっていることがわかったのだ．

Improve　良い頃合いの時間を見つける

時間の計測方法や計測機器の問題はあるが，まずは適正な時間を見つけることが解決策の要となった．しかし，大規模な検証試験がプロジェクトメンバーだけでできるわけがない．といって，そのために生産技術課の技術者を新たにメンバーに入れて進める，というのも，難しい状況だった．そこで，丹沢はもう一人のGBに相談をしてみることにした．彼は，耳型採取についての専門家ではないが，生産技術課に長く在籍している技術者なので，何かアイデアがないかと考えたのだ．いろいろと話を聞いていると，いくつかの方法が考えられることがわかり，丹沢はそれをさらにプロジェクト会議で議論をすることにした．

まず1歩目は，型剤メーカーに協力を要請することだった．メーカーであれば，数多くの試作実験をしただろうし，そのデータも保管しているはずだ．その狙いは当たり，推奨時間ではなく，試作実験結果としての「型剤注入時間の最大値」と，「硬化時間の最小値」を入手することができた．しかし，これはあくまでも最大と最小のため，販売現場で本当に適切か否か，の確認が必要である．

そこで丹沢は，作業観察を行った2店舗のデータに加え，他の販売店にもアンケートを実施して注入時間と硬化時間を集め，形状不良との関係を分析してみた．そこで導き出された時間は，注入時間が8秒～9秒，硬化時間が2分半～3分というものだった．さらに，店舗別の形状不良の発生件数を月別に過去2年間集計し，11～4月までと，5～10月までの二つの期間で，同じ硬化時間でも差があることを突き止めた．寒い季節は硬化時間が少し長くなるのだ．この結果から，チームでは注入時間は9秒，硬化時間は3分という結論を出した．メーカーから入手した「注入時間の最大値は10秒，硬化時間の最小値は2分50秒」にも近く，間違いなさそうだという確信を丹沢自身も得ていた．

適切な時間を導き出した後，丹沢たちは，時間計測機器や計測方法に加え，注入作業や耳型の取り出し，取り出した後のチェックポイントなどをまとめ，画像を多用したDVDマニュアルを作成した．

さらに，そのDVDマニュアルをどうやって販売店に展開すべきか，を議論する一方で，実際にそのDVDマニュアルが有効か，パイロット試験で確認することになった．今回も作業観察に協力してもらった2店舗に赴き，DVDマニュアルを使った講習を行い，さらにいつでも見られるようにDVDマニュアルを渡し，その内容に従って2週間にわたり耳型採取をしてもらったのである．その結果，最もバラツキが多く，耳型不良が多かったA販売店の不良は1/4まで減り，問題となっていた「耳型曲がり」はすべてなくなった．しかし，残念ながら「耳型が細い」は半分までしか減らせなかった．そこで，さらに「耳型が細い」が残った原因を調べると，耳に型剤を注入する向きや注入器のピストンを押し出す力加減など，感覚的な部分が画像と文字だけではわかりにくい，ということがわかった．そこで丹沢たちはDVDマニュアルに動画を一部取り入れ，再度販売店のスタッフに見てもらったところ，評判は上々だった．

Control 振り出しに戻らない仕掛けにする

G社の製品を取り扱っている販売店には，大きく分けて三つのタイプがある．店舗数も限られており比較的ベテランスタッフが多い直営の補聴器センターや専門店，店舗数が多くベテランスタッフの少ないメガネ店，そして人の入れ替わりが激しい家電量販店だ．それぞれに同じような解決策の浸透方法をとるのは難しい，という販売店課メンバーの意見もあり，展開方法は3パターンに分けた（表5.1参照）．

一方，品質保証課でも，店舗別・耳型不良のタイプ別不良率を集計し，ランキング形式で毎月フィードバックするようにした．販売店課は，各販売店で計測してもらった注入時間と硬化時間をチェックし，範囲外の割合が基準を超えたら，講習を実施するような仕組みをつくった．

さらに，型剤変更が発生した際に同様の状況が発生しないよう，手順を決めた．メーカーには，推奨時間とその前提条件に加えて，「型剤注入時間の最大値」と「硬化時間の最小値」を必ず説明資料に入れてもらう．G社は，それを受け取ったら，生産技術課で検証試験を行い，最適値を特定する，という手順だ．

表 5.1　解決策の展開方法

タイプ	教育方法	測定方法	測定サイクル	測定結果の報告先
直営補聴器センター・専門店	◦店舗ごとに耳型採取リーダーを決める． ◦ DVD マニュアルを使って，リーダーが新人や不慣れなスタッフを教育する．	◦リーダーが各スタッフの注入時間と硬化時間を2回ずつ計測する．	半年に1回（5月，11月）	販売店課
メガネ店	◦ DVD マニュアルを各店に1枚ずつ配付する． ◦ 3か月に1回，DVD マニュアルをもとに，営業担当が講習を行う．	◦営業担当が，各スタッフの注入時間と硬化時間を2回ずつ計測する．	3か月に1回（講習終了後）	販売店課
家電量販店	◦オーダーメイド補聴器担当者人数分の DVD マニュアルを量販店の本部に渡し，店舗に配付してもらう． ◦ DVD マニュアルで自己学習をしてもらう．	◦スタッフどうしの相互計測 ◦注入時間と硬化時間を3回ずつ計測する．	新たに担当になってから3か月後	担当営業（本部）

丹沢がプロジェクト活動を開始してから1年後，かつて月平均72件あった耳型不良による無償修理依頼件数は，月平均15件にまで減少し，このままいけば耳型不良による無償修理コストは年間で1/5ぐらいまで削減できる見込みだ．これは，昨年度1年間の品質ロスコストの3割に当たる．効果はそれだけではない．販売スタッフから「安心してお客様に提供できる」，「お客様もフィット感がよい，と言っている」という声も出てきている．そして，売上増加にもつながっているのだ．

第５章　匠の「ワザ」を科学する　<学びシート>

フェーズ	活動のポイントなど
テーマ選定～Define	
Measure	
Analyze	
Improve	
Control	

■明日からでも，すぐに業務に活かせそうなポイント

■その他，気づいたこと

第6章
「はず」と「つもり」の落とし穴
中堅医療機器メーカー　監査室による書類不備削減

リーンシックスシグマをプラットフォームにせよ

骨密度計など医療機関向けの計測機器や，放射線治療などに用いるアームなどを製造・販売する中堅メーカーH社は，実はドイツに本社を置く外資系企業である．元々は日本企業としてスタートしたが，その後資本が変わり外資系企業の仲間入りをした．しかし，それによって変わったのは，部門や役職の名称と商品技術に関することくらいで，仕事の進め方そのものは，それ以前のままといってもよかった．その背景には，日本の製品認可基準が他国より厳しく，承認手続きも複雑，という「日本ならでは」の事情があった．最近は日本以外に国籍を置く社員も見かけるようになってきたが，社内の公用語はもっぱら日本語で，社員たちも「なんちゃって外資系企業」と自分たちを称していた．

しかし，事情が一変する．この業界の例にもれず，ドイツ本社が吸収合併され，経営トップが交代したのだ．それに伴い，次々と事業戦略や管理手法，基幹システムの変更が行われた．そして，人事部門に突きつけられたのは，LSSを業務改善のプラットフォームとすることだった．

具体的に指示されたのは，以下の3点である．

- マネージャーは全員,LSS手法を使った改善プロジェクトを実施すること
- マネージャー昇格の条件に，LSSプロジェクトの実績を入れること
- 社員全員が3年以内にLSSトレーニングを受講し，共通言語化すること

これは社長直轄ミッションとして，早急な対応が求められた．担当となった人材開発部は，大慌てである．親会社からトレーニングテキストを入手したり，トレーニングを支援してくれるコンサルティング会社を探したり，LSSについてそれぞれが勉強したり……．そして，何とか3か月後にはトレーニング開始までこぎつけた．このトレーニングはマネージャー全員を対象とした．トレーニング後に，プロジェクトテーマを自分たちで設定し，申請してもらう，という手順である．この受講者の中に，監査室マネージャーの大峰がいた．

テーマ選定～ Define
困りごとをプロジェクトテーマにする

大峰が所属する監査室は，会社内部の業務が社内の規程やマニュアルなど社内ルールどおりに行われているかどうか，などをチェックする部門である．不正摘発的な役割と思われがちだが，問題を発見して改善を提案していく社内コンサルティング的な役割ももっている．大峰は営業部門担当として，営業部門の業務や会計に関する内部監査を担当しているが，会計士による外部監査対応もこの部門の役割だ．

ここ数年来，会計士から「不正な売上取消処理がある」点が毎年指摘されていた．実情としては，申請書の記載に間違いがあるなど，いわば「不備」が大半だが，売上操作や在庫転がしといった「不正行為」との区別が会計上ではつかないため，指摘事項になっているのだ．経理部門でも，これがあると確認作業に手間がかかり，決算のたびに問題になっていた．監査室と営業経理部では，発見の都度，営業担当者や売上取消処理担当にフィードバックを行っているが，なかなか定着しない．そこで大峰は，「正しい売上取消処理を定着させる」ことに取り組もうと考えた．

骨密度計や放射線治療用アームなどのH社製品は，大小様々な病院や診療所，健康診断センター，果てはスポーツジムや役所に至るまで幅広い場で利用されている．しかし直接販売しているのはごく一部で，基本的には代理店経由という商流だ．つまり，H 社の営業が日頃接点をもっている顧客は，販売代理店になる．

売上取消処理には大きく分けて，代理店からの発注取消や数量変更，製品変更などによって発生する「顧客起因」と，営業担当者などのミスによって起きる「自社起因」がある．昨年度を見ると，件数全体の 8 割を占めているのは「顧客起因」だ．そして，売上取消処理件数は，売上げの増加に伴い微増していた．

大峰は，ここまで調べたことを資料にまとめ，室長に相談した．室長から，「定着させる」というのが具体的に何を指すのかわかりにくい，という指摘があり，プロジェクトテーマは「売上取消処理の不備削減」に変更となったが，CTQ についてはそのまま「売上取消処理の不備の少なさ」にすることで室長の承認を得た．そのうえで，プロジェクトメンバーは，現状をよく知る監査室 2 名，営業経理部 1 名の計 3 名に決まったのである．

Measure そもそもの申請書が違う

大峰たちは，早速現状把握を開始した．

定量データとしては「不備率：売上取消処理件数全体に対する“不備を含む処理”件数の割合」で，現状の悪さ加減を測ることにした．また，不備の定義についてもチームで事前に協議し，「書式違い」，「日付・金額の不整合」，「保管資料の不足」，「その他」の四つとした．

昨年度 1 年間のデータを調べてみると，全社で約 1800 件の売上取消処理があったが，うち 23％に何らかの不備があった．念のため，過去 5 年間についても調べてみたが，不備率はほぼ横ばいで，5 件に 1 件が不備，という状態がほぼ常態化している，ということもわかった．

不備の内訳をパレート図にしてみると，「書式違い」が約半数を占め，次に多い「保管資料の不足」を合わせると，この二つだけで不備全体の 9 割弱に及んでいる（図 6.1 参照）．申請書には，用途別に 6 種類の書式があるが，適合しない書式を使って申請されているケースがある．これが「書式違い」である．「保管資料の不足」は，業務および会計管理上セットで保管しなければならない資料が複数あり，それのいずれかが欠けているケースを指す．つまり「不備」の大半は，記載されている内容ではなく，書式そのものや保管する資料の種類の問題だったのだ．

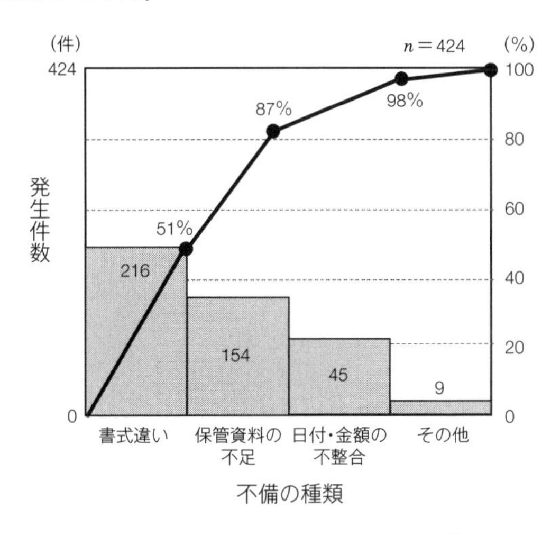

図 6.1　売上取消処理の不備件数の内訳

さらに起因別に分けると，書式違いは圧倒的に「顧客起因」が多く，保管資料の不足の 6 割を占めているのも「顧客起因」であることがわかった（図 6.2 参照）．大峰にとっては新たな発見だったが，営業経理部のメンバーからは「やっぱりね」と反応が返ってきた．自社起因の取消処理は比較的時間に余裕があるが，顧客起因は短いリードタイムで処理しなければならないことが多く，いつもバタバタとやっているのを，本社とはいえ営業経理部メンバーも日頃から見聞きしていたのだ．時間がないから間違いやモレが起きやすい，という説明を聞いて，大峰はなるほどと納得した．

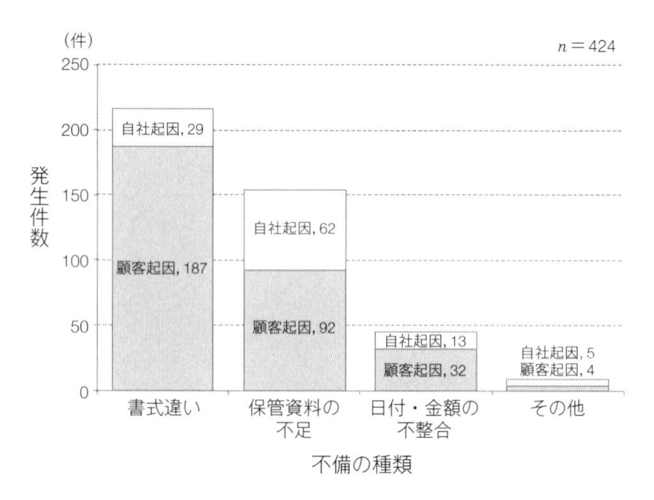

図 6.2　売上取消処理不備の起因別構成

では，どんなプロセスで売上取消が処理されているのだろうか．経理部で作成されたマニュアルはあるが，それは「こうなっているはず」の世界だ．しかし，今のプロジェクトメンバーだけでは，営業所の実態がわからない．営業所から協力してもらうとしても，極端に不備率が高かったり，低かったりすると参考にならない．そこで，大峰は不備率が平均的で，距離的にも近い営業所を選定し，協力してもらった．

プロセスとしては比較的シンプルである（図 6.3 参照）．起因が顧客か自社かにかかわらず，営業担当者はまず，取り消したい売上ナンバーを売上元帳システムを使って調べ，売上取消申請書を作成する．申請書は，直属の上司である営業所長，支店の管理課長承認をそれぞれ経て，取消担当者に渡る．受け取った取消担当者は，営業担当者に再確認をしてから処理し，実際の処理結果を営業担当者に確認してもらってから，資料を保管する，という手順だ．シンプルなプロセス中でも，チェックの回数ややり方が担当者によって違っていることがわかった．

プロセスマップを作成する途中で，営業担当者とのやりとりに手間がかかる，申請書が多くてきちんと見ていない，などが現場の意見として出てきたが，今回のテーマには直接関係ないため，その時の大峰はとりあえずプロセスマップにコメントを残すことで了解してもらった．

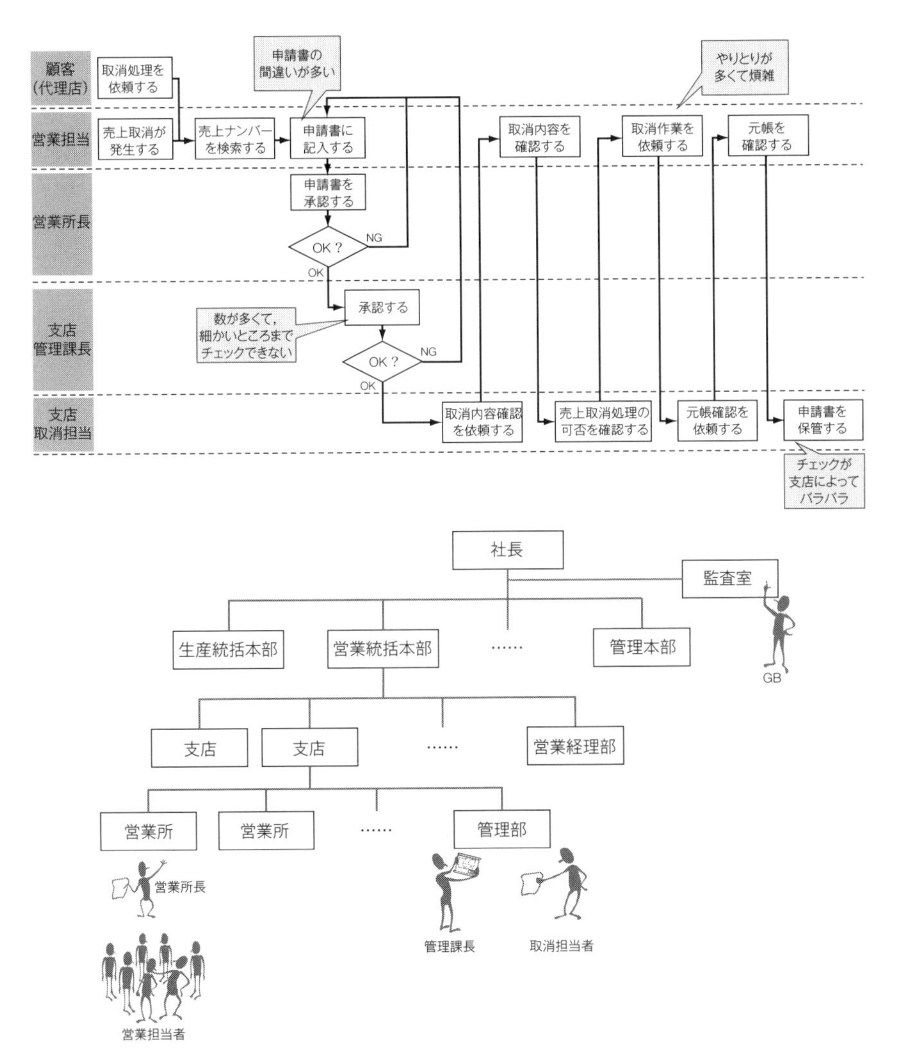

図 6.3　売上取消処理の詳細プロセスマップと関係者の位置付け

Analyze 知っている「はず」，伝えた「つもり」

売上取消申請書は，「どんな商品が含まれているのか」という売上構成と，「売上計上当日か，翌日以降か」という売上取消処理を行うタイミングの組合せで 6 種類に分かれている．書式はイントラネットから各人が都度ダウンロードするなり，各人のパソコンに保存するなりして活用している．6 種類になった理由を調べると，管理する側の都合で増えた経緯があり，「管理部門の顧客は現場」と口にしながら，真逆の対応をとってきたことがわかった．また，開始当初必要だったが今は使っていない項目もいくつかあり，見直されていないこともわかった．

書式について調べる中で大峰が一番びっくりしたのは，営業担当者の半数以上が，売上計上当日用の売上取消申請書の存在を知らない，という事実だった．古くからいる社員には，申請書手続き手順が決まった段階で全員に教育をしたし，その後に入社した社員には，入社時オリエンテーションで教育をしているため，聞いたことがない社員はいないはずだ．しかし，知らないのである．「ほとんど使わないので，忘れてしまう」，「申請は営業がやるべきだけど，(営業は) それだけをやっているわけではない」と言われてしまえば，納得せざるを得ない．管理部門は「伝えたつもり」だったが，必要になったときに簡単に書式を特定できるようなガイドがないのが問題なのだ．

さらに，なぜ間違っているものが最後まで行ってしまうのか，をチームで検討した．2 回の承認，取消担当者によるチェック，さらには営業担当者への確認 2 回と，チェックプロセスは十分すぎるくらいある．それでも，10 件に 1 件は間違った書式に誰も気づかず，素通りしているのだ．大峰は，その理由を現場の営業担当者や営業所長，支店の管理課長，取消担当者に尋ねた．

- 多忙な営業所長は承認を後回しにしがちで，時間ギリギリで処理している．

●すべての申請書が支店の管理課長に回ってくるため，細かくチェックできない．
●取消担当者は，承認と営業担当者の確認があれば細かくチェックしない．
●営業担当者は，何度もやりとりがあるので，ほとんど見ていない．

プロセスマップ上にはチェックプロセスがいくつもあるが，実際にはほとんど機能していない，ということが明らかになった．営業所長の仕事を減らすことは難しいが，何らかの基準を設けて支店の管理課長に回る件数を減らす，取消担当がチェックの役割を担うことで営業とのやりとりを減らす，ということはできそうな気がする．

「保管資料の不足」については，支店別の不備率に大きなバラツキがあることがわかっていたため，「保管資料の不足」に関する不備率の高い支店と低い支店にそれぞれヒアリングをして比較を行った．

(不備率の低い支店)
●取消処理単位のチェック表で，取消担当者全員が同じチェックをしている．
●毎月，月初めに，グループリーダーがチェック表見直しをしている．
●不足資料を営業担当者に請求した際の手順が決まっている．

(不備率の高い支店)
●保管する際に，資料の不足を確認する担当者と，しない担当者がいる．
●資料の不足を確認する担当者のやりかたも決まりがなくバラバラ．
●資料請求した後のチェックなどがなく，放置されているものがある．

チェックや不足資料請求に関するルールやツールがないことが原因であることが確認できた．同時に，それを解消すれば不備率を下げることができる，と確信を得られたのだ．

Improve プロセスマップが変わる

大峰たちは，根本原因を以下の四つに絞った．

① 申請書の書式が複雑で，それを見直すプロセスもない．

② 支店の管理課長承認が必要となる基準がない．

③ 取消担当者の役割が不明確になっている．

④ 資料の保管作業に関するルール・ツールがない．

申請書選定に関するガイドがない点を入れるか，入れないか，はプロジェクト会議でも意見が分かれたが，書式を集約してしまえば不要になる，という意見から外すことで決定していた．

早速，書式の見直しを行った．業務や会計処理上の監査という観点も含め議論した結果，6 種類の書式は 2 種類に集約することができた．途中，営業担当者や取消担当者など，実際に関わる現場にも見てもらった．また，売上計上の当日に使う申請書はクリーム色，翌日以降に使う申請書はピンク色，と色でも見分けられるようにし，イントラ上でどの売上げを取り消すのか選択すると，自動的に書式が表示されるようにした．

承認プロセスも，100 万円以上のものだけを支店の管理課長に回し，稟議という形式をとるようにした．このことによって，支店の管理課長のもとに来る申請書は半分くらいまで削減できることもわかった．

そして，取消担当者向けの「申請書チェック表」と「保管資料チェックシート」,「売上取消資料の保管マニュアル」を作成し，実際に使ってもらったうえで，問題なく実行できることも確認した．

これらの施策をもとに，大峰たちは「新しいプロセスマップ」を作成した(図 6.4 参照)．

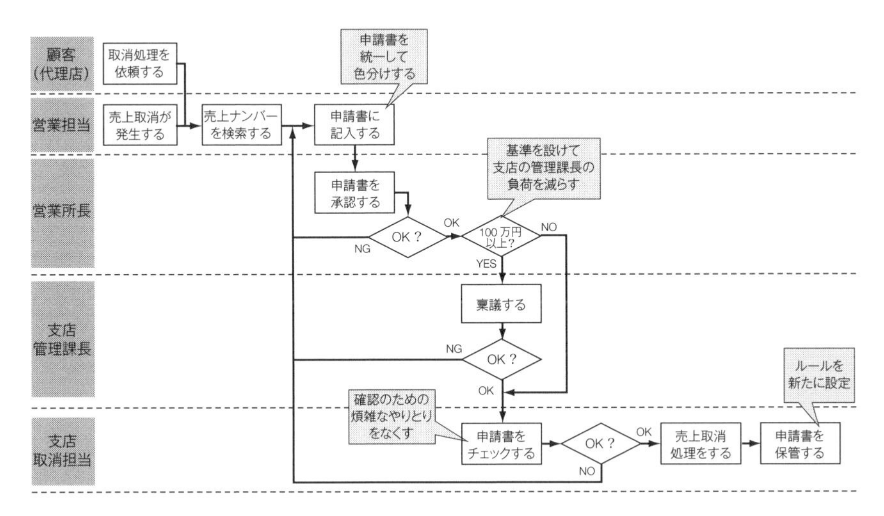

図 6.4　変更後のプロセスマップ

改めてプロセスマップにしてみると，やりとりが少なくなってすっきりした印象がある．「プロセスに着目する」と研修で教わったことはこういうことだったんだ，というのが大峰の素直な感想だった．

Control
「はず」と「つもり」で仕事をしてはいけない

まずは，いつでもチェックに行けるよう，近くの支店から施策を展開することにし，改めて営業担当者，営業所長向けの説明会を行った．説明会は全員が参加できるように，営業所単位で行い，会計士から指摘されている「不正処理」の実態や，ここまでの経緯，新しい書式の紹介をするだけでなく，実際の使い方などを何人かにイントラ操作も含めて体験してもらった．支店のほうは，支店の管理課長，取消担当者という直接関係者以外にも，支店の管理部長，本社の営業経理部長など間接的に関係する人々にも説明をして，理解してもらうよう努めた．

それから半年，ようやく全支店への展開が終わったが，徐々に成果は出始めている．保管資料の不足がなくなり，書式間違いは 1/4 に減った．「書式がシンプルになったので，作成の手間が減った」，「チェックしやすくなった」など現場の受けもよい．

その 2 か月後，H 社内では人材開発部主導で改善活動発表会が開かれ，大峰も自ら発表者に立候補した．活動の内容，得られた成果，自分の学びなど 10 分の持ち時間で伝えられるように資料を準備し，何度も練習をして発表した．聞いている人がうなずいてくれたのが，緊張の中でも嬉しかった．

中でも嬉しかったのは，管理本部長の一言だった．

「我々は，“伝わっているはず”，“わかっているはず”，“やっているはず”など，思いこみをベースに仕事をしてはいけないと，改めて自分たちの仕事を振り返るきっかけになった．ありがとう」

本当にそうだ，と大峰は思う．管理部門に限らず，つい「伝えたつもり」になり，「わかっているはず」を前提に話を進めてことが多い気がする．今まで「対策」といっていたものも，この前提で考えることが多かった．だから失敗したのかもしれない．大峰は，何か大きなことに気づかされた思いがした．

第6章　「はず」と「つもり」の落とし穴　＜学びシート＞

フェーズ	活動のポイントなど
テーマ選定～Define	
Measure	
Analyze	
Improve	
Control	

■明日からでも，すぐに業務に活かせそうなポイント

■その他，気づいたこと

第7章

創って，作って，売るがつながった瞬間

大手建材メーカー　クロスファンクショナルチームによる納期短縮

営業部門の悲願がかなった日

「これで，競合に勝てる」

S社ユニットバス新商品の社内発表会場．新商品を初めて目にし，説明を受けた営業部門の幹部たちは顔を輝かせた．商品の性能やデザインは，これまでも競合に対して劣るどころか，むしろ先進的とさえ評価されていたが，追加部材の発注から納品までの日数が競合メーカーよりも長く，その点については多くの顧客から改善を求められていた．現に，ユニットバス台数のシェアは2番手に位置しているものの，十数年前から競合に押され続け，1位と2位の差は広がる一方．以来，営業部門から商品開発や製造部門に，追加部材の納期短縮を要望していたが，それがついに新商品で実現したのだ．

住宅資材総合メーカーS社は，グローバルにビジネスを展開する一部上場企業．一般住宅から集合住宅，店舗，ビルなど幅広い用途の商品を，企画開発・製造・販売まで一貫して行っており，従業員数も数万人という大企業である．自社商品は，玄関ドアや窓などの開口部，衛生陶器（トイレ）やシステムキッチン，ユニットバス，洗面台といった水回り，床や室内ドアなどリビング建材，門扉やカーポートといったエクステリア商品，さらにはカーテンや外壁，シャッター等々多岐にわたり，それぞれを製造販売している．競合は，領域に特化したメーカー，個別商品メーカー，いくつかの領域にわたる総合メーカーなど様々で，それぞれの領域や商品群によってプレイヤー数や顔ぶれが異なっている．

新築住宅の着工棟数が減少し，今後さらにそれが加速すると予測されるマーケットにおいて，伸びているリフォーム需要を何としても取り込みたいというのは，S社のみならず各社の狙いであり競争は激化し続けていた．特にユニットバス市場における最大の競合M社は，すでに20年以上前にリフォーム市場を意識した体制にシフトしており，シェアを奪い続けている．商品そのものや営業力が負けているとは思えないが，これが現実だ．

そんな中で知らされた部材納期短縮に沸き立つのは，営業部門の幹部としては当然ともいえる反応で，早々にシェア奪還を口にする幹部もいたほどだった．営業部門にとっては，長年実現されなかった悲願，とでもいうべき納期短縮．その陰には，BBの長きにわたる地道な活動があった．

テーマ選定

プロジェクトの顧客は誰だ？

新商品発表会からさかのぼること2年前．BBの国見は大阪支社の会議室にいた．同席しているのは，大阪支社長を筆頭に，営業推進部長，リフォーム推進部の部課長，さらに本社のリフォーム推進室長と，そうそうたる顔ぶれだ．国見自身も営業現場の管理職出身とはいえ，今回のようなメンバーが揃う会議に参加することはめったになかった．しかも，今日は会議を仕切らなければならない立場だ．担当するテーマ領域が決まってから約3週間，資料やデータを入手し，分析や思考実験を重ねて資料を準備し，アジェンダの設計もしてきたが，会議開始を前に緊張は高まるばかりである．

会議は，支社長の挨拶から始まった．

リフォーム市場において，ハウスメーカーや大手および中堅の有力リフォーム会社に対してはS社も営業担当を明確にして積極的に働きかけを行っている．一方，商流として直接的な接点がない小規模な工務店などについては，販売流通店（以下，流通店）任せになってしまっており，十分な手が打てていない．これまでも支社内で試行錯誤を繰り返してきたが，これぞ，という対策がないのが現状である．リフォーム需要の多い水回り商品の中でも，単価の高いユニットバスやキッチンについては対策が急務であり，今回本社にお願いしてBBの協力を得ることにした．ついては，支社長自らがプロジェクトの総責任者となり，BBの活動に対して，支社上げて全面協力するつもりだ，という熱いメッセージだった．

ユニットバスとキッチンの需要を獲得するためには，どのポイントを押さえに行くべきなのか，聞く相手によっていろいろな意見があり，そのうちのいくつかは対策を講じたものの期待どおりの結果が得られずに終わっている．そんな情報収集を続けるうちに，国見も混乱し始めたが，それなら基本に立ち返るまでである．問題解決の起点，それは顧客に聞いてみることだ．しかしながら，最後に対価を支払うのは当然エンドユーザーだとしても，実際に商品を決定しているのは誰なのか，誰のニーズに応えれば，リフォーム需要を獲得できるのか，がはっきりしない．

国見は，その疑問を解消するために大阪支社だけでなく，古巣の首都圏支社のリフォーム推進部の営業担当者十数名に電話でヒアリングを実施した．そこでわかってきたのは，ほとんどのケースで，流通店に商品の決定権がある，ということだった．早速，小規模工務店などのリフォームニーズに対応している流通店を中心に，国見はアンケートを実施した．何がポイントかわからず，設問は50問を超えていたが，大阪支社の営業担当者の協力の甲斐あって，ありがたいことに2週間弱で30件強の回答を集めることができた．一人ひとりの営業担当者の日頃の努力の賜物であるのはいうまでもないが，同時に，この活動に対する営業担当者たちの期待の高さの表れでもある．国見は身の引き締まる思いで，アンケート結果を分析した．

ユニットバス・キッチンともに，リフォーム商材を決定する際に「見積り対応」と「部材発注・納期」が重視されていたが，前者については9割以上が「良い」，「非常に良い」と評価しているのに対して，後者，特にユニットバスについては，半数近くが「悪い」，「非常に悪い」と評価していた．「部材発注」とは，ユニットバスなどパッケージ化された商品を納品した後，何らかの理由によって仕様変更が発生した際に，必要となった器具やパネル等を個別に発注することを指す．具体的に「何が悪いと言っているのか」までは，残念ながら今回のアンケートではわからなかったが，競合との比較においても，「部材発注・納期」は明らかに差をつけられていた．一方で，「競合と同等の対応がとれるならメーカーを切り替えるか」という設問に対して半数以上が「はい」と回答しており，この改善による受注拡大の可能性も確認できた．

こうしたアンケート結果に加え，過去の大阪支社での取組みや過去のBBによるプロジェクトなどを整理した資料を配付しプレゼンテーションした国見は，「浴室の部材発注・納期の対応力向上」をプロジェクトテーマにすることを提案した．それに対して，発注から納品までの全工程では範囲が広すぎるのでは，という懸念が示される一方で，キッチンでも不満を抱いている流通店はいるので一緒にやるべき，という意欲的な意見もあり，白熱した議論は1時間半にも及んだ．「やりたいことが山積み」のリフォーム推進部からは，まったく違う領域のテーマ案が飛び出し，それに対して他の参加者から意見が出る，という一幕もあったが，国見はファシリテーターとして議論を整理しながら，コンセンサスにたどり着くことができた．

会議の結論として決まったプロジェクトテーマは，「ユニットバス部材の納期対応力向上」．一度発注したら，納期以外に変更がほとんど発生しない新築工事と異なり，仕様変更が比較的高い頻度で発生するリフォーム工事の特質を考慮した結果であった．

プロジェクトで取り組む範囲が，受注から生産・配送・納品のすべてのプロセスを含むことから，各機能を担当する部門から1名ずつ，リフォーム推進部から2名計6名をプロジェクトメンバーとして招集することになった．そして，配送を担当する子会社とユニットバスの製造部門への調整については，支社長が自ら請け負ったのである．

Define メンバーの「腹落ち感」を大切にする

2 週間後，日頃あまり顔を合わせない子会社メンバーや製造部門メンバーを入れた初回プロジェクト会議が開催された．キックオフということもあって，国見は会議の冒頭で支社長に思いを語ってもらったが，よくわからないままに集められたメンバーは，自分たちに寄せられる期待の大きさを目の当たりにして，戸惑いを隠せずにいた．

支社長が退席した後，国見はメンバー全員に自己紹介をしてもらうことにした．所属や名前だけでなく，自分を動物にたとえると何で，なぜそう思うのか，と柔らかい話題も織り交ぜ，まずは国見がトップバッターとして笑いを誘う．全員の自己紹介が終了し場の雰囲気が和らいだところで，国見は，「なぜこのテーマに取り組まなければならないのか」，「なぜこのメンバーなのか」を，事前の VOC 調査結果やテーマ選定の場で話合いの様子なども入れ，細かく説明した．質問に対しても，時間をかけて丁寧に対応した．なぜなら，テーマに対してメンバーに「腹落ち感」がないと，結局どこかでつまずいてしまうことを，国見は過去の経験から痛感していたからだ．メンバー一人ひとりが自分の言葉でこの取組みの必要性を何らか語れるようになる．これが，キックオフにおける国見の最大の目的だった．

徐々に，メンバーからも日頃から感じていた問題意識や具体的な事象，果ては解決策のような意見が出てくるまでになった．そこで国見は，一度議論を整理した後，CTQ の議論に入った．議論の的になったのは，「対応力」とは何か，という点だ．

「早くても，間違いがあったら意味がない」

「正確でも，時間がかかるのは施主（エンドユーザー）に迷惑をかける」

「問題は追加・変更だから，いかに柔軟に対応できるか，が重要では」

等々，部門が異なるメンバーゆえに，様々な意見が出る．しかし，ここで出た意見はいずれもプロジェクトテーマ検討時のアンケート結果を通して，国見が詳しく知りたいと思っていた点でもあった．そこで，国見はプロジェクトの顧客である流通店の声をもう一度集め，何が問題になっているのか見極めることを提案した．

議論の結果，チームがとったVOC収集方法はヒアリングだった．すでに書面のアンケートを実施しており，同じことを何度もお願いするのは避けたい，という営業メンバーの意見があったのも事実だが，具体的な事象を突っ込んで聞くためにはヒアリングのほうが適している，というのが最大の理由だ．直接聞いてみたいというメンバーの希望や，アンケートに回答してくれた流通店にフォローとして行くほうが有効，という意見もあった．

ヒアリングの結果，決定したCTQは，「浴室部材の発注から納品までの期間の短さ」だ．たとえ変更や追加があっても，短納期で部材が調達できるのであれば，流通店は安心して商品そのものを発注することができる．一見，遠回りをしたようだが，このCTQに対するメンバーの納得感は非常に高かった．

Measure 「ありのまま」の現状を把握する

追加部材の発注から納品までの期間は，社内システムに発注日（受注日）と納品日が記録されているため，容易に集計できる．しかし国見はどこかで違和感を抱いていた．そもそも，部材発注の締切りは出荷日の5日前というのがS社のルールで，原則的にそれよりも短納期な納品は発生しない．また，集計してみても，このルールを超過した件数はごくわずかである．これを減らしたところで，流通店が「良くなった」と感じてくれるとは思えない．そこで国見は，最も評価に差があった競合，ユニットバス領域でトップシェアを誇るM社のルールを調べた．出荷日の3日前が発注の締め切り，これがM社の発注ルールだった．

流通店のヒアリング結果をもとに作成したプロセスマップを通して，部材の追加変更が発生するのは解体後，ということはわかっていた（図7.1参照）．「解体」とは，新しいユニットバスを設置するにあたり，すでにある浴室を壊

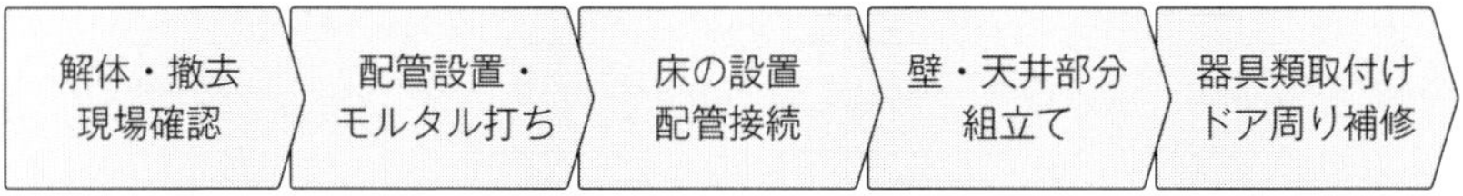

解体・撤去 現場確認 → 配管設置・モルタル打ち → 床の設置 配管接続 → 壁・天井部分 組立て → 器具類取付け ドア周り補修

図 7.1 浴室リフォームの工程例

して現場を最終確認する，というリフォーム特有のプロセスだ．実際に壊してみて問題が見つかることも多いと，流通店のヒアリングでも何度か出てきていた．では，この追加や変更を生む解体は，いつ行われているのだろうか．それがわかれば，「5 日前ルール」がどれくらい現状に合っていないのかがわかるのではないか．

国見はプロジェクト会議で自分の感じた違和感を説明し，「何日前に解体をしているのか」を指標にすることを提案した．「CTQ である“浴室部材の発注から納品までの期間の短さ”と直接的に結び付かない」，「いっそのこと CTQ を見直してはどうか」等々議論が重ねられたが，結果的に国見の提案にメンバーも合意してくれた．CTQ の「ありのままの現状」を知ることが一番重要であり，きちんと説明できるようになっていれば，一見結び付かないように見えても問題はない，というのがチームでの結論だった．

解体日のデータは，営業担当者の協力を得て集められた．これについても，いつの，どれくらいの期間のデータを集めるべきか，施工業者を分類しておかなくても大丈夫かなど，事前にプロジェクト会議で議論して準備を進めた．集まったデータ（現場）数は，102 件．このうち，なんと 9 割強が，S 社の「5 日前ルール」では対応できないことがわかった（図 7.2 参照）．

必要な部材は，施工前日，遅くても当日の朝には届いていないと作業に入れない．当然それよりも前に，部材は S 社から出荷されていなければならない．S 社の場合は，出荷希望日の 5 日前までに発注をしなければならないため，その時点で解体作業が行われていなければ間に合わないことになる．つまり，最短でも施工よりも 6 日前に解体作業を行っていなければならない計算になる．

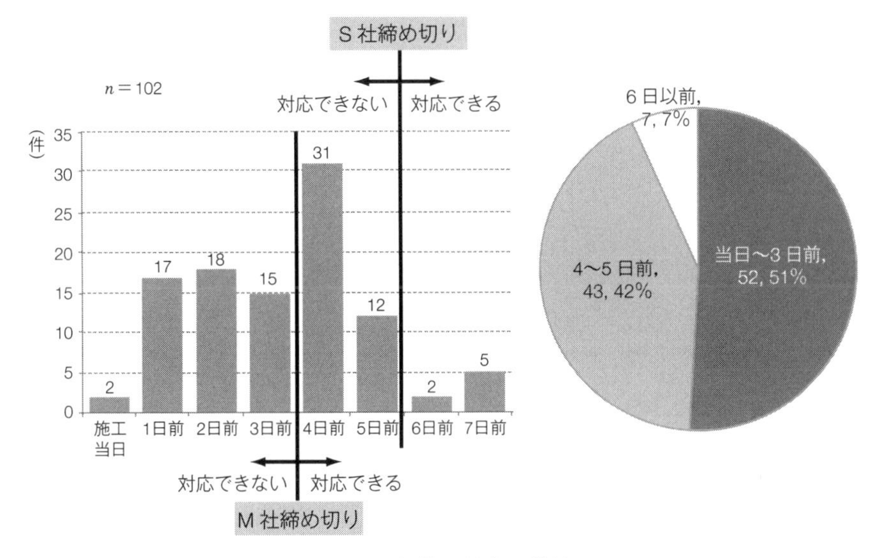

図 7.2　解体日調査の結果

しかし実際のデータを見ると，6 日前以前に解体が行われているのは，わずか 1 割弱だったのである．

この結果を見て，国見は不安を覚えた．エンドユーザーの立場から見れば「お風呂が使えない期間」は短いほどよい，というのは当然だと思うが，半数以上を占める「施工当日〜 3 日前に解体」は本当なのだろうか．また，なぜ 4 日前に集中するのだろうか．データの採り方に何か問題はないのだろうか．

現場，現物，現実を確認する，三現主義という基本に立ち返り，国見たちはデータをもとに，何人かの営業担当者に話を聞きに行った．

そこでわかったことは，二つだ．

ユニットバスからユニットバスへのリフォームは，仕様変更（部材の追加・変更）が発生しにくく，多くは 3〜4 日間で解体〜施工までを行っている，ということ．そして，土日をまたがずに工事してほしい，というエンドユーザーの要望が多く，結果として，平日 5 日に土曜日を加えた 6 日間で解体から施工までを行う現場が増えている，という点だった．データは正しかった．そして，「何とかしなければならない」のは，やはりM社との2日間の差だったのだ．

とはいえ，これを鵜呑みにするのは危険だ．国見は，施工日当日〜3日前に解体を行った現場のリフォーム前がユニットバスだったのかどうか，万全を期すために確認を行った．結果は，ヒアリングどおり，大半がユニットバスだったのである．

Analyze 空白の26時間

では，なぜ2日間の差が生まれているのだろうか．国見たちは，受注してから出荷するまでのプロセスを更に細かく見てみることにした．

まず流通店から受注を受け付けるのは受注センターで，その情報は生産部門にそのまま引き継がれ，受注が確定する．部材には，社内生産と外部調達を含むものがあり，社内生産している部材は，生産指示が出され生産が開始される．外部調達している部材は仕入先に発注され，仕入先から納入された後に社内で加工が加えられる．その後，社内生産された部材とともに，集荷・積み込みに回り，物流センターから発送される．その一連の流れをプロセスマップにした後，国見たちは，各プロセスの締め切り時間なども記入していった（図7.3参照）．すると，受注センターが受注を締め切った後，生産着手までに26時間の空白が存在していることが明らかになった．

出荷希望日の5日前の正午が追加部材発注締め切り．これは十数年前から変わらないS社の発注ルールである．しかし，その情報が生産計画に追加されるのは，翌日の14時であり，これもまた，十数年前から変わっていない．つまり，この間の「空白の26時間」は，十数年前からずっと変わらず存在していたことになる．では，なぜ存在しているのか．プロジェクト会議で議論をしたが，どれも憶測の域を出ず，本当の理由を知るメンバーは一人もいなかった．そこで国見は，受注センターや生産管理など，事情を知っていそうな部門

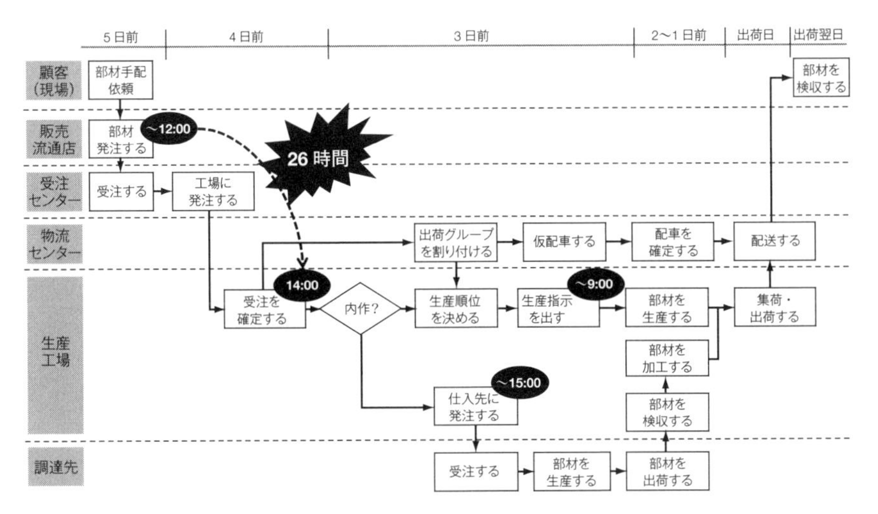

図 7.3 受注から配送までの詳細プロセスマップ

から情報を集め，それを持ち寄って再度議論をすることにした．

プロジェクト会議の結果，要因は二つに集約された．一つは，FAX や電話での発注が大半を占め，受注センターで後処理作業が発生している，ということ．そしてもう一つは，生産側では受注した部材の在庫引当を行う夜間バッチ処理を間に入れなければならない，というものだ．しかし，これらがなぜ起きているのかまで突き止めないことには，解決ができない．その後も，議論と調査は繰り返し行われた．

数年前，S 社では流通店向け発注システムをリリースしていた．発注情報が直接生産に飛ぶため，受注センターを介さなくてもよいという，流通店と S 社の双方にメリットのあるシステムのはずだった．しかし，使い勝手の悪さから流通店の評判が悪く，2 年前に大幅刷新されたが，残念ながら活用拡大は遅々として進んでいない．「どうせ使いにくい」という先入観が流通店に根強くあるのも一因だが，活用支援が十分に行われていないことが，最大の原因だった．すでに発注システムを活用している流通店では，受注センターの作業が発生していないことも確認できた．

一方の夜間バッチ処理は，最も時間のかかる部材に合わせた生産計画にするために，当該部材の在庫を引き当てる処理だ．多様な部材をまとめて納品する新築工事を前提にして構築された仕組みだが，調べてみると，浴室で発生する追加部材はいずれも生産に時間のかからないものばかりで，この処理を通すことにあまり意味がないことがわかった．しかし，これまではリフォーム需要が小さかったため，生産計画に至るプロセスの見直し自体が行われていなかったのだ．

さらに議論を進めると，生産着手してからのプロセスにも問題があることがわかった．最も長い納期の部材に合わせてすべての部材を生産する，というプロセスが見直されておらず，「急ぐ部材」に関しても最適化されないままになっていたのだ．これは，納期に関する仕入先との契約が契約当初からほとんど見直されていない，という事象にもつながっていた．会社全体の生産方針にもつながる根本的な問題点であるだけに，根本原因に加えるか否かはメンバーでも意見が分かれ，プロジェクト会議は紛糾した．

たとえ発注システムが活用され，夜間バッチ処理をなくして空白の26時間を埋めたとしても，生産プロセスの見直しをしなければ，目指す2日間短縮は成し得ない．国見は根気強くメンバーとの議論を重ね，これらを改善の対象とすることで合意できたのである．

Improve 長く苦しい闘い

根本原因に対する解決策の検討，ここから国見の長い闘いが始まった．

「発注システムの活用支援が十分にできていない」という原因に対しては，プロジェクトメンバーにとっても具体的な解決策がイメージしやすい．しかし「夜間バッチ処理が見直されていない」，「生産プロセスが見直されていない」という二つの原因については，漠然と解決策の方向性はイメージできても，具体的にどうすればよいのか，それが現実的なのか，という点はまったくわからない．たしかに，生産部門からもチームメンバー１名が参加していたが，工場全体に関わることだけに，あまりにも荷が重すぎた．つまり，現在のチームメンバーだけで議論できる話ではないのだ．

そこでまず行ったのは，これまでの活動内容や根本原因に至った経緯を関連する部門一つひとつに説明し，協力を求めることだった．解決策のアイデア出しに協力してほしい部門，アイデアを具体化する際に協力してほしい部門，解決策が決まった後にそれを実際に行ってもらう部門，等々．さらに，本部長や工場長，部長，課長など職位別の説明が求められれば，それにも応じた．そして２か月後，ようやく国見は，生産部門に「解決策検討の場」として分科会を発足させることができたのである．

分科会のメンバーは９名．受注情報を受け付けてから検品工程に入るまでのプロセスに関わるすべての部署から１名ずつ，生産全体を管理する部門からは２名が参加した．工場内で開催する分科会の会議には全員が作業服で来る．だから国見も，着なれたスーツではなく，新入社員研修以来十数年ぶりの作業着に身を包んで臨んだ．分科会発足までの２か月間，各工程の現場を何度も見学し，具体的な作業の仕方，場所や機器の名称，工場特有の用語なども頭に叩き込んだ．その甲斐あって，スタート当初，国見にとってアウェイ感しかなかった分科会も，回を重ねるごとに一体感を増していった．

解決策としては，

- 夜間バッチ処理を待たずに生産計画に組み込む．
- 仕入先のプロセスを，受注当日に出荷できるよう変更してもらう．
- 先に内作を進め，仕入品到着後すぐに加工に入れるようにする．

という三つに決定した．いずれも特に需要の多い浴室部材に限定し，仕入先と自社工場の生産プロセス，それぞれにかかっている時間，仕入先との契約内容など，慎重に確認を重ね，リスクの分析を行ったうえでの決定であった．これができれば，空白の26時間に加えて，さらに１日短縮できる．目指す「2日間短縮」を実現できる目途が，ついに立ったのである．

とはいえ，ぶっつけ本番というわけにはいかない．次に待ち受けるのは，パイロット試験である．

パイロット試験実施に向け，解決策の内容やその根拠，期待される効果を関係部門に説明して回ったが，そんな国見を待ち受けていたのは，山ほどの懸念事項と「できない理由」だった．

「本当にこれで売上げが上がるのか？」

「今の生産ラインでは，対応できない」

「ライン変更やシステム改修には投資が必要だから，すぐにはできない」

生産ラインを一気に変更してほしいわけでも，今すぐシステム改修してほしいわけでもない．ただ，本当に期待する効果が得られるのか，予期せぬリスクがないか，小さな規模で試験を行い，検証したい，と言っているだけなのだ．しかし，ここであきらめたら，ここまでのプロジェクトや分科会メンバーの苦労が水泡に帰してしまう．そして，何よりも，顧客に迷惑をかけ続けることになる．国見は，粘り強く説得を重ねた．

その一方で，発注システム活用支援のパイロット試験を進めた．新たにつくった発注システム導入説明書や操作マニュアルをもとに，パイロット流通店で活用を開始してもらったのだ．この協力要請や操作指導には営業担当者が動いてくれた．結果，特殊部材以外は直接発注できるようになり，11 時間かかっていた受注センターの作業が 1.5 時間に短縮できることが確認できた．このパイロット試験を通して，流通店から「思っていたよりもシステムが使いやすい」，「マニュアルがわかりやすい」といった評価が得られただけでなく，営業担当からも「発注に関する問合せがなくなって，楽になった」という声が聞かれたのである．

国見は，この結果と納期短縮を求める顧客の声を携え，さらに生産部門の関係部署に働きかけを行った．そして，ついに 6 か月後，パイロット試験実施が決定したのである．しかし，このパイロット試験を行うためには，想像以上の準備が必要であることもわかった．工場の受付プロセス設計，仕入先への交渉，在庫のもち方の検討，さらにはパイロット試験に必要な費用負担部門の調整など，さらに関係部署は広がり，その後の３か月間，国見は準備に奔走した．

ついに，パイロット試験がスタートした．最初は，小さな連絡ミスなども発生したが，入念な準備の甲斐あっておおむねスムーズに進行し，期待どおり，３日間で発注から出荷までを完了できると確認できたのである．

それは，根本原因の特定から１年後のことだった．

Control 新商品から導入する

生産システムの活用支援は，営業幹部会で方針に加えられ，各部門での活動を開始した．営業所ごとに重点支援先を選定し，営業担当と支援スケジュールを決め，営業推進部が毎週月曜日，進捗をチェックする．進捗状況は，信号機の色（青，黄，赤）で流通店ごとに示され，全営業所長に配付された．

一方，生産プロセスの解決策の展開方法については，議論が続いた．既存商品の部材は複数の工場で生産されており，そのすべての生産ラインを改造し，生産プロセスを変更するためには，相当な時間と費用がかかることが予想された．しかし，「毎年新商品を発表しているＳ社で，そこまで実施する価値があるのか」，「需要の多い商品に絞ってはどうか」，「やり方が複数になった際に起きる品質低下リスクにどう対処するのか」，等々，代替案もいくつか検討された．この議論からは，商品開発部門も新たに加わった．生産プロセスの変更が新商品の設計に影響を与える可能性があるためだ．

具体的な投資額の見積りや，投資回収のために必要な売上げの試算，現場に展開するための手順設計やかかる期間の予測などを何度も行った．そして出た結論は，新商品からの導入だったのである．実はこの時点で，新商品の生産ラインやプロセスは設計の最終段階にあった．予定していた新商品が，従来商品の改良版ではなく，新たに提携した企業の技術をいくつか導入し，デザインも一新した新シリーズだったため，設計が予定よりも遅れていたのである．この決定を受け，急ピッチで新商品の生産ラインとプロセス設計に手が加えられ，テスト生産に次いで，量産テストも実施された．

新商品の社内発表会から１か月後，顧客向けの発表会がスタートした．同時に，リフォームニーズに対応している流通店向けに，発注システム活用を条件とする部材納期短縮の案内が配付された．

「リフォームに対するやる気を感じた」

「これで安心してＳ社商品を売れる」

と流通店の反応もよく，実際に受注台数も着実に伸びていったのである．

開発が「創って」，生産が「作って」，営業が「売る」．社内の部門は分かれていても，顧客が最後に受け取る価値は，この一連の流れの結果だ．当たり前のこととして，わかっているつもりだった．でも，もしかすると，本当のところはわかっていなかったのかもしれない．新商品の受注台数の推移を見ながら，国見は反省した．

第７章　創って，作って，売るがつながった瞬間　<学びシート>

フェーズ	活動のポイントなど
テーマ選定	
Define	
Measure	
Analyze	
Improve	
Control	

■明日からでも，すぐに業務に活かせそうなポイント

■その他，気づいたこと

第8章

ある日突然やってきた嵐

大手食品メーカー　LSS活動基盤構築への取組み

リーンシックスシグマって何だ？

「暑いなぁ」

もう9月も半ばだというのに，このところ毎朝同じ独り言だな，と思いつつ，岸根はハンカチで額の汗を拭う.「厳しい残暑が続く見込み」とテレビや新聞が報じるのを聞くたびにうんざりする．しかし，そんなことを気にする余裕すらない日々がこれから展開されることを，そのときの岸根は知るよしもなかった.

Y社は，国内外の自社拠点以外にも，100社弱のグループ会社を傘下にもつ大手食品メーカーである．水産品，畜産品，冷凍食品，低温食品などが主力製品だが，外食・中食の拡大によって，売上げは堅調に伸びている．また昨今は，サプリメントなどの栄養補助食品や化粧品など業域も拡大傾向にある．今年の春には，さらなる成長に向けて新社長が就任していた．世間で「プロ経営者」と目されている一人で，岸根も挨拶程度は何度かしたことがあるが，強烈なオーラを放っていた．社外から経営トップが招聘されることは，Y社始まって以来，初めてといってもよく，社内でも何かと話題になっていた．そんな新社長からの「呼び出し」が，その日，岸根に届いたのである.

10日後，岸根は社長室にいた．そこで告げられたのは，LSSの全社導入推進責任者を命ずる，という予想外の内示だった．岸根が部門長となる「業務改革室」も，すでに社長直轄部門として設置が決定しており，組織図も出来上がっていた.

「LSSって何だ？」，「全社導入するって，教育部の仕事をしろということか？」，「なぜ社長直轄？」等々，次から次へと湧き上がる疑問．そんな岸根を尻目に，社長がLSS導入の目的として告げたのは，「大企業病からの脱却」と「リーダー人材の育成」だった．しかし，岸根が知る限り，LSSは品質管理手法である．それが，社長の言う目的とどう結び付くのか，まったく想像がつかず，戸惑いと不安だけを抱いて，岸根は社長室を後にした．

日常業務に加え，後任者への引継ぎなど多忙を極める一方で，岸根はLSSに関する書籍を読み漁った．しかし，知れば知るほど，書籍だけでは補いきれない「何か」があることもわかってきた．それを教えてくれる専門家を探さなければならない．いずれにしても活動をスタートするためには，外部の支援が必要なのも事実だ．今までも社内では様々な改善活動が行われてきたが，さすがにLSSの経験者は誰もいない．正確にいえば，LSSを全社展開できるだけの経験者はいないからだ．

業務改革室長に就任した岸根は，年始早々から外部協力を得る先の選定に入った．LSSの導入支援を標榜するコンサルティング会社や研修機関数社に会い，その企業が主催するセミナーや体験会にも参加してみた．提案や見積りも吟味した．そして協力を得るコンサルティング会社を決定したのである．

人集めに奔走する日々

同時進行で，BBの候補者集めが行われていた．社長から目標として課せられたのは，初年度で20名のBBを育成することだった．2万人強の社員を擁しているとはいえ，専任で問題解決にあたるBBを初年度から20名も育成するというのは，あまりにもハードルが高すぎる気がした．

BBを専任にするためには，当然ながら今の業務から外してもらわなければならないが，現場から抜いても差し支えないような人材を集めても成功はしないだろう．いくら社長の直轄部門とはいえ，優秀な人材を抜けば，現場の激しい抵抗にあうことは火を見るより明らかだ．実際に候補者の選出を打診すると，逆に「人材を補充してほしい」という反応が返ってくる有様だ．

それでも岸根は，この活動の目指す姿や意義を伝えながら，協力要請を続けた．LSS活動を実際にどう展開するのかはまだ具体的にイメージできなかったが，何よりも「会社の体質を変えたい」という社長の思いに強い共感を覚えたからだ．

その一方で，部門長向けのスポンサートレーニングも開始した．

まず，プロジェクトスポンサーの役割を担うであろう部門長たちに，LSS活動を理解してもらうことが重要である，とコンサルティング会社からアドバイスされたのも事実だ．しかしそれよりも，BBにふさわしい候補者を選出してもらうために，部門長全員に岸根１人で説明して回るのはもはや限界だった．

スポンサートレーニングは，経営層に始まり，執行役員，本部長や事業部長，部長と上の階層から順次展開し，基本的に全員に受講してもらうようにした．本来であれば１日ないし２日間が必要，とコンサルティング会社からは言われたが，忙しい相手だけに，いきなりそんな長時間を拘束するのは難しい．そこで，LSSの概要とスポンサーが担う役割などの講義を中心とした半日コースで実施した．トレーニングを実施してみると，わずか半日ではあったが，活動の内容を理解し，候補者選出に協力的な姿勢を示す部門長が出始めたのである．そして２か月後，BB候補17名が選出された．

「何を解くのか？」それが問題だ

２月半ば，目標の20名には３名届かなかったものの，岸根はBB候補17名のリストを持って，社長報告に臨んだ．BB候補は，商品開発，製造，物流，営業，管理部門のそれぞれから選出され，全社活動としてバランスがとれているように見える．年齢は30代後半が１名，40代前半が３名，それ以外は40

代後半，とやや高めではあったが，Y社の年齢別構成から見れば，特段に高齢化しているわけでもない．彼らは，現業の引き継ぎが終了しだい，五月雨式に業務改革室に異動し，4月には全員が揃う手筈になっていた．その後，BBトレーニングを受講してもらう傍らで，初回のプロジェクトのスポンサーを選定していく計画だ．

ここまでの報告が終わるのを待って，社長が質問した．

「それで，どんなテーマをやらせるつもりですか？」

プロジェクトテーマは，スポンサーが決まったら彼らに提示してもらうつもりだ，という岸根の説明を受けた社長は眉根を寄せた．以前，コンサルティング会社からテーマ選定についてアドバイスされたことが，ふと頭をよぎる．

「どんなに問題解決ができるようになっても，テーマそのものが的を射ていないと，十分な成果は得られない．特に最初のプロジェクトの成否は今後の活動に大きな影響を与えるので，テーマは慎重に選ぶべきである」と．また，「年度初めに各部門長が作成している年間計画を見る限り，優先順位が不明確な部分や事実やデータによる裏付けが希薄になっている部分が散見され，このままテーマ選定をするのはリスクがある」とも言われた．

たしかに，何に取り組むのか具体的に書かれていない，全社または本部の戦略との結び付きがわからない，優先順位がはっきりしない，といった計画書は少なくない．だが，事業は粛々と運営されており，岸根自身，問題の一つとして認識はしているものの，だからといってテーマを選定するにあたり特別に手を打たなければならないとは思っていなかったのだ．その後，社長からテーマ選定について再考するよう指示された．その理由として言われたことは，コンサルティング会社のアドバイスとほとんど変わらない内容だった．

岸根は，時間がないこともあり，テーマ選定の支援をコンサルティング会社に依頼した．すぐに，各部門長全員に対する個別インタビューが始まった．また，資料やデータなどを分析してもらう一方で，顧客インタビューも行った．

対象とする顧客は，Y社の商品を取り扱うコンビニエンスストアチェーンや食品スーパーの本部，卸問屋，商社，果ては複数店舗をもつ小売店など，直接的な接点がある顧客に限定した．Y社商品の品質や納期，営業担当者の動き方や問合せへの対応，広告，商品そのものなど多岐にわたる話を，顧客先に訪問して直接聞く．こういった活動自体，Y社としては過去に経験がなく，ここでもコンサルティング会社の協力を得た．「誰に何を聞きに行くのか」から始まり，具体的な方法やスケジュール調整方法などを決め，教育的な意味も込めて顧客先訪問にはBB候補も同行するようにした．

当初，顧客にとって迷惑なのではないか，話してくれないのではないか，と危惧していたが，それは杞憂に終わった．むしろ，顧客の声に耳を傾けようとする姿勢は評価され，2か月弱で100数社から2000件を超えるコメントが集まったのである．

それらを分析すると，想定していなかった問題点が数多くあることがわかった．Y社が目指す方向や，各部門の戦略と真逆になっているような動きが，意図せず現場で行われていることもわかった．岸根はVOCの威力を改めて感じた．最終的に対価を支払ってくれる一般消費者については，Y社も日頃から気にしているが，間に入る流通網については，あまり気にしてこなかった．しかし，直接的な顧客である流通網がY社を支持してくれなければ，そもそも一般消費者に商品は届かない．そのことを痛感させられた．

ここで集められたVOCや各部門長のインタビュー，データ分析結果などをもとに，コンサルティング会社も交えて議論を重ね，17個のプロジェクトテーマを選定した．その後，そのプロジェクトテーマに最も適したスポンサーを選ぶ一方で，問題解決を担うBB候補自身の希望も募った．ようやく，プロジェクトテーマ，スポンサー，BB候補の組合せがすべて決定したのは，ゴールデンウィークを目前にした4月の終わりだった．

プロジェクトの成果をどう測る？

BB候補によるプロジェクト活動が開始して1か月が経過した．進捗の早いプロジェクトは，すでにMeasureフェーズに突入し，最も遅いプロジェクトでもようやくメンバーが決まり，キックオフの準備に入っている．

各BB候補には，コンサルティング会社のコンサルタントをそれぞれコーチとしてつけた．定期的なプロジェクトコーチングを通じて，方法論だけでなく，課題を解決するためにどう考えて進めるべきなのか，組織を動かすために何を考えなければならないのか，など様々なアドバイスを受けてもらうためだ．その内容は報告書や定例会を通じて，コンサルティング会社から定期的に岸根にも共有されるようにした．

プロジェクト会議や調査など，それぞれの活動が本格化するに従って，業務改革室では空席が目立つようになった．週報は毎週共有されているものの，BB候補どうしが顔を合わせる機会は減り，お互いが何をやっているのか，見えにくくなってきていた．

岸根自身は各自から話を聞いたり，コンサルティング会社からの報告などを通じて状況を把握できているが，BB候補どうしは別である．そこで岸根は，お互いのプロジェクトの活動内容を共有し合う場として，週1回の部内ミーティングを開始した．毎回持ち回りで3名がプロジェクト活動の内容や，発見事項などを発表し，他のBB候補は質問やアドバイスをする，という会議だ．実際にやってみると，お互いの活動が刺激やプレッシャーになるだけでなく，元々がまったく異なる部門の出身だけに，うまく補完し合えることもわかった．

部内ミーティングが回を重ねる中で，ある問題点が浮かび上がってきた．それは，個々のプロジェクトで成果の算定根拠や算定方式が異なり，一概に比較できない，という点だ．また，そもそも何をもって成果とするか，という根源的な点に対する質問も出てきていた．今はまだ目前にある17テーマなので，岸根が算定根拠や算定方式を揃えさせて承認すれば何とかなる．しかし，この数が増加すれば，その方法で対応しきれなくなることは明らかで，成果の算定に関する何らかのガイドラインが必要だ．そこで岸根は，BB候補の一人に話をもちかけることにした．

経理部門出身のBB候補で，会計処理との関係を確認するのに適していて，数字にもめっぽう強い．細かな確認も丁寧にやる．これらが彼に話をもちかけた主な理由だったが，本人も二つ返事で引き受けてくれた．

まずは，17個のプロジェクトテーマの成果算定根拠と算定方式を調べ，整理することから開始した．経理部門や監査部門とのやりとりなども，彼が中心になって進めた．プロジェクト活動と並行しての策定で負荷は大きかったはずだが，仲間である他のBB候補の役に立ちたいとがんばり続け，ついに「成果算定規程」が出来上がったのである．

プロジェクトの成果は大きく三つに分類した（図8.1参照）．

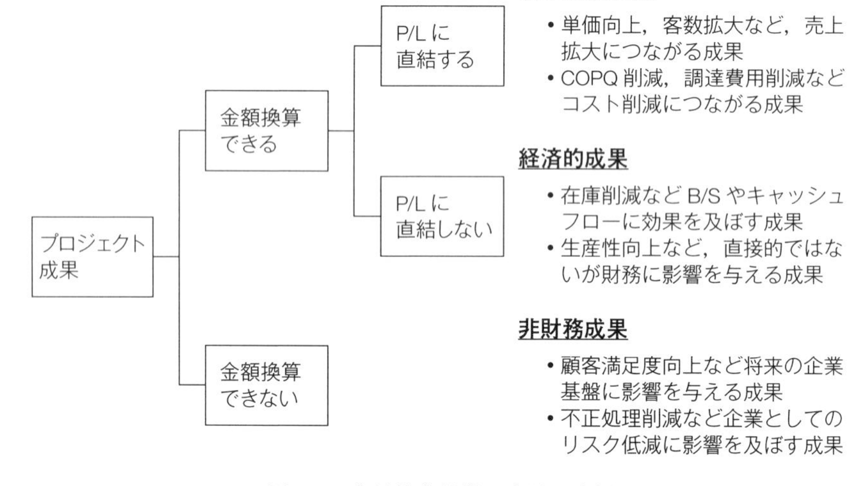

図8.1　成果算定規程：成果の分類

金額に換算でき，損益計算書（P/L）に直結する「利益貢献成果」，P/Lには直結しないが金額換算できる「経済的成果」，そして金額換算できない「非財務成果」だ．直接的に利益貢献せずとも，企業の中には様々な解決すべきテーマがある．しかし，その成果を認めるルールがなければ，テーマが利益貢献に関連するものばかりになってしまう．だからこそ，あえて三つの分類をつくった．岸根はさらにこの規程を稟議に回し，Y社としての正式な規程にした．部内だけのルールに留めていては，全社展開できないと感じたからだった．

現場での修羅場体験

プロジェクト活動開始から5か月が経過し，会計年度でいえば下半期に突入しようしていた．1年間で二つのテーマをやりきる，というルールからすれば，そろそろ二つ目のテーマを選定しなければならない時期である．17名の進捗を見ると，出口が見えてきている者がいる一方で，Analyzeフェーズあたりで停滞している者もいる．前者は良いとしても，後者のBB候補に次のテーマを与えるのは酷な気もした．しかし，リーダー人材としての育成を考えると，そこで調整をするのは，かえって本人のためにならない．岸根は，初回検討で使用したテーマ候補リストをもとに，いくつかの情報を集めて下期のプロジェクトテーマ案を作成し，社長の承認を得ることができた．

同時進行で，10月に予定している成果報告会の準備も進めた．それぞれのプロジェクト活動の内容や成果を報告する場には，社長を筆頭に常勤の取締役，執行役員，本部長クラスの部門長が出席する予定だ．時間的制約から発表者を4名に絞らざるを得なかったが，資料のチェックや発表の練習，リハーサルなど，岸根も直接関与しながら準備した．

そして迎えた当日．社長や取締役を前に，緊張で声が震え，顔が青ざめてはいたものの，代表者4人は無事に発表と質疑応答を終えた．岸根はといえば，出席した幹部たちの反応ばかりが気になり，発表中もずっと出席者の様子を観察していた．BB 候補たちが発見した事実に驚き，その原因追究の過程に納得し，パイロット試験などを通した成果予測に目を輝かせる．そんな様子を見ながら，岸根は確かな手ごたえを感じた．

最後の社長講評では，

「常に変化する顧客やマーケットにいかに素早く対応できるかで，企業の勝敗は決まる．だからこそ，こういった活動ができる人材を増やしていくことが，強い会社になるためには必要だ」

というメッセージが発信され，初めての成果報告会は幕を閉じた．

岸根は，ちょうど 1 年前に社長から言われた LSS 活動導入の目的を改めて思い出していた．目的は，「大企業病からの脱却」と「リーダー人材の育成」だった．あのときは，LSS 活動とどう結び付くかまったくわからなかった．しかし，無我夢中のこの 1 年間の取組みや，BB 候補たちの成長ぶりを通して，その意味するところがわかったような気がした．

BB 候補たちの活動は，部門横断のクロスファンクショナルチームが基本で，顧客への提供価値向上を目指している．そこには，「事なかれ主義」や「セクショナリズム」は存在しない．さらに，常に成果を出すことを目指した議論が，スポンサーと BB 候補，BB 候補とメンバーの間で繰り広げられる．つまり，大企業病の特徴とは逆の世界が広がっているのだ．

そして，BB 候補たちは，それぞれ壁に突き当たり，悩み，苦しみ，もがきながら，考え方や動き方を学んでいる．現場に飛び込み実課題を解決するというのは，そばで見ている岸根から見ても「修羅場」だ．しかし，まさにこの体験こそが「リーダー人材の育成」となっているのである．

独り立ちの基準とは？

立春を過ぎた頃になると，BB 候補たちの差は歴然としてきた．最初の評価が高く，その後も期待どおりに活躍している BB 候補もいれば，逆に，あまり期待していなかったのに大きく成長した BB 候補もいた．しかし，足踏みをしたまま止まってしまっていたり，迷走したり，すでにあきらめムードになっている BB 候補が数名いるのも，残念ながら実情である．「1 年間で二つのテーマ」というルールで行けば，残すところ 3 か月，多く見積もっても 4 か月であるが，二つ目どころか，一つ目のテーマさえ完了できそうにない BB 候補もいるのだ．

活動当初から，岸根は社内認定を計画していた．Y 社独自の社内資格ではあるが，BB 候補である彼らが，立派に BB として独り立ちできる状態になったことを，認めてあげたかった．そのためには，Y 社なりの認定基準が必要で，岸根はこの策定に着手した．この社内資格の認定基準づくりにはコンサルティング会社の協力を求めた．ISO などの基準を取り入れたいという思いもあったが，数多くの BB や GB を育成した実績をもち，Y 社でも直接 BB 候補と接しているという点で，「Y 社らしい」認定基準を作るのに役立つのではないかと考えたからだ．岸根は，コンサルティング会社との様々な議論を通して，評価項目や認定基準だけでなく，前提条件や，評価方法，評価者も決めた．

認定審査を受ける前提としたのは，

- すべてのトレーニングを受講している．
- 期限内に二つのプロジェクトを完了，または，その見込みが立っている．

という二つだ．「見込みが立っている」というのも自己申告ではなく，プロジェクトコーチングを担当するコーチと，岸根で判定することにした．

評価項目としては，スキル面だけでなく，本人の意思も重視した．困難な局面に立たされたときに違いが出るのは，「何としても成果を出したい」，「絶対に解決したい」という本人の意思が強く影響するからだ．そして，それぞれの評価項目は，ペーパーテストと実際の活動の両方で評価することにした．実際の活動についてはアセスメントレポートをコンサルティング会社から出してもらい，それをもとに岸根とコンサルティング会社で討議をし，最終的には岸根が評価を決定する，というプロセスだ．これに伴い，実際のプロジェクト会議の場面も見ておく必要が出てきたため，コンサルティング会社にはプロジェクトコーチングの一環として，数回のプロジェクト会議への同席とフィードバックを追加で依頼した．

評価の結果，17 名の BB 候補のうち 14 名が社内資格認定された．残る 3 名のうち 1 名は二つ目のテーマを完了させた時点で認定とするが，2 名は，もう 1 テーマないし 2 テーマに再チャレンジし，審査基準を満たすことが求められた．

晴れて「候補」から BB に認定された 14 名の名前は，第 2 回目の成果報告会で正式に発表された．社長から認定証となる盾と金一封を一人ひとりに授与するセレモニーも成果報告会の一部として行った．金一封は，問題解決に取り組む中で多くを学び，そして確かな成果を出したことに対するインセンティブとして，岸根が人事部門に交渉を重ねた結果だ．同時に，今後も全社的な課題解決に取り組むプロフェッショナルとして研鑽し続ける，という戒めの意味も込めた．この意図は，事前に部内ミーティングで全員に伝えていた．

成果報告会終了後，社内認定された BB たちは社長を囲んで記念撮影を行った．そしてこの写真は，後日，社内報の表紙を飾ったのである．

「育成する人」を育成する

LSS 活動は 2 期目を迎え，新たな BB 候補も 22 名集まった．成果報告会を通じて，活動自体が理解され始めたということもあるが，何よりも，BB 候補たちの活動や成果を身近で見ていたスポンサーや関係する部門の部門長たちが，肯定的な評価をしてくれたことが大きかった．

2 期生たちのトレーニングが始まり，1 期生たちを中心にしたプロジェクトテーマの洗い出しが進められていた．大げさかもしれないが，岸根から見ると，昨年の今頃からは隔世の感がある．しかし一方で，このペースでよいのか，という不安を岸根は抱いていた．

たしかに，BB の育成は 2 期目に入り，1 期・2 期を合わせると 40 名近い体制になった．しかし，BB や BB 候補がフル稼働しても，年間で取り組めるテーマ数は 80 弱である．全社的な課題として昨年洗い出したテーマだけでも残りが 200 件以上あり，さらに部門別のテーマなどを加えると，その数は相当数になるはずだ．そして，様々な変化とともに，今後も新たなテーマが追加され続けていくことは想像に難くない．テーマ数に対して，問題解決ができる人材の数が追いついていない．この現状を考えれば考えるほど，岸根の思考は一つの答えに集約していく．GB の育成，これこそが，現状打破に必要なことだと，岸根は考えたのだ．

GB は，専任で問題解決を担う BB と異なり，本業を続ける傍らで，問題解決に取り組む役割を指している．問題解決にかける工数は，すでに活動をしている他社などから聞く限り，全工数の 20～30％程度である．つまり，1 週間のうち 1 日～1.5 日を問題解決に費やすことになるが，専任者として現業から引きはがして異動させることを考えると，BB 候補よりもはるかにハードルが低い．当然，かけられる工数が小さいので，取り組むテーマも部門横断の大掛かりなテーマではなく，部門内のテーマが主となるが，それはそれで BB とのすみ分けもでき，かつ，改善のスピードも上げることができる．

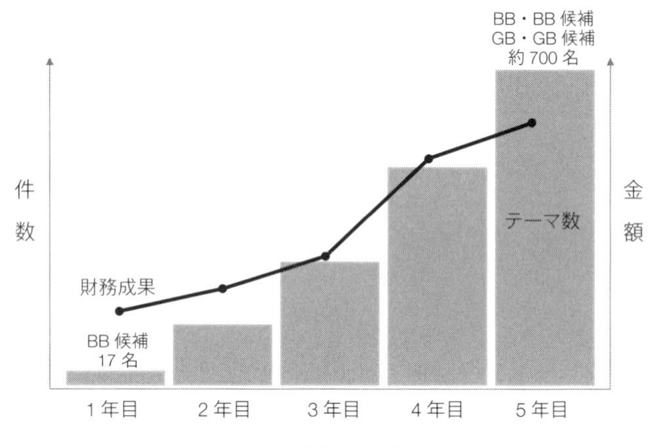

図 8.2 LSS 活動の展開イメージ

早速，岸根はその計画をまとめ，社長に提案した．社長も同じ懸念を感じていたようで，計画自体はすぐに承認された（図 8.2 参照）．しかし，1 点だけ社長から条件がついた．それは，人材育成の自社化である．もちろん，今年から全て自前でやるというわけにいかないことは，社長も十分承知している．つまり，完全自社化に向けた計画を立て，今年度から着手することを指示されたのだ．

現在は，各種トレーニングだけでなく，プロジェクトコーチング，社内資格認定のためのアセスメントやペーパーテストの作成など，多くをコンサルティング会社に依存している．それを最終的にはすべて自社化しなければならないのだ．しかし，どこから手をつけるべきか，自社化するために何が必要でどれくらいの時間がかかるのか，など皆目見当がつかない．そこで岸根は，コンサルティング会社に相談をもちかけた．コンサルティング会社自身，最終的には自社化することを推奨していたからだ．

まずは，GB を育てる「育成担当 BB」を選定し，GB 候補の育成に取り組むことから始めた．BB 全員を育成担当 BB にしなかった理由は二つある．一つは，BB だからこそできるスケールの大きな問題解決を継続的に行う必要があること．そしてもう一つは，人材育成に対する適性や意向が全員にあるとは限らないという点だ．いくら本人が優秀でも，人を育てることに向かない人材というのはどこにでもいるものだ．これまでに認定された BB 14 名のうち，選ばれた育成担当 BB は 6 名．必要なトレーニングを追加で受けさせる一方で，GB 候補の募集も行った．

育成担当 BB の最初の仕事は，GB 候補へのプロジェクトコーチングだった．プロジェクトコーチングで考えるべきことや，具体的な進め方はトレーニングで学ばせることはできるが，実際にやるのは，全員初めてである．そのため，育成担当 BB には「“育成する人”を育成する」コーチをコンサルティング会社からつけ，GB 候補のプロジェクトテーマに自分で取り組むとしたらどうするか，といったシミュレーションや，GB 候補へのプロジェクトコーチングプランなどへのアドバイスを受けた．また，実際のプロジェクトコーチングの場にコンサルティング会社のコーチが同席し，終了後にフィードバックを行う，という実地訓練も行われた．1 年間，BB 候補としてプロジェクトコーチングを受けてはきたが，受ける側とする側は大違い，と育成担当 BB の誰しもが感じている様子だった．

GB 候補は，1 テーマを完了させた時点で，社内認定の対象とした．半年サイクルで次々に回す，二毛作である．1 期の GB 候補については，プロジェクトコーチングとアセスメントを育成担当 BB が担当し，トレーニングはコンサルティング会社に依頼した．そして 2 期目は，トレーニングから育成担当 BB が実施した．

1 年間のプロジェクト活動経験，半年間のプロジェクトコーチング経験があるとはいっても，トレーニングの講師（トレーナー）として立つとなると，また話は別だ．そもそも，誰もトレーナー経験などなく，立ち居振る舞い方としてどうあるべきか，から学ぶことになった．テキストはコンサルティング会社のものを使うが，それを使ってどう講義するのか，どんな事例をさしはさむのか，等々，本番に向けて各自が準備をし，模擬講義を行う．模擬講義終了後は，同席しているコンサルティング会社のコーチからフィードバックやアドバイスを受ける，ということを数度繰り返した．そうやって，トレーニング，プロジェクトコーチング，アセスメントのスキルを身につけていったのだ．

新たなステージへ

岸根が暗中模索の中で活動を開始してから，4年半が過ぎた．社内で資格認定されたBBの数は50名を超え，GB候補やBB候補の育成に取り組む者，問題解決に取り組む者，または，部門長として現場に戻る者など，それぞれ活躍の場を広げている．GBの人数は，500名近くに拡大し，ほとんどの初級管理職がGB候補を経験した．社内でも，VOC，CTQなどLSSの用語が日常的に飛び交い，会議の仕切り方も大きく変わった．Y社独自のトレーニングテキストが完成すれば，自社化もほぼ完了である．

活動を推進する中で，グループ会社への展開も始まった．今はまだ，各社ともGB候補がテーマに取り組むレベルの活動にとどまっているが，いずれは，岸根がたどってきたように，成果算定の基準づくりや，人材育成の一部自社化などに取り組まなければならない会社も出てくるだろう．それをどう支援していくかというのも，業務改革室で考えていかなければならない．

一方で，Y社グループ全体のプロジェクト成果をトラッキングする仕組みづくりや，プロジェクト活動情報の共有など，まだまだ岸根がやるべきことは残っている．また，この活動に関心をもち，LSSの導入を相談してくる取引先の企業もいくつか出てきた．

思い起こせば，あっという間の4年半だった．突然呼び出された社長室，そこで告げられた想定外の内示．それはまさに突然訪れた嵐であり，そのときの岸根は，大荒れの海に一人手こぎボードで漕ぎ出したような気分だった．4年半も前のことなのに，そのときの真っ暗な気持ちが，昨日のことのように思い出される．そして，嵐を抜けた後に，こんな景色が広がっているなど，そのときは想像もつかなかった．

岸根の目の前には，テーマについて先輩たちに相談しているBB候補がいる．電話でGB候補の泣き言を延々と聞いてあげているらしい育成担当BBや，分析作業に没頭するBBがいる．全員が真剣で，全員がまっすぐ前に向かおうとしている．いずれは，この中の誰かが岸根の後を継ぐのだろう．

この活動は続けてこそ意味がある．企業である限り，経営課題はなくならない．その中から，適切なテーマを選定し，問題解決ができる人にゆだね，そこで導き出された解決策を確実にやりきる，というサイクルは，企業の永続的な成長には不可欠だ．そして，より多くの経営課題に対して，迅速に対応できるようにするためには，それを担う人材も，担う人材を育てる人材も育てていかなければならない．今はまだ，その土台作りをしているようなもの．素晴らしい未来に向け立派な土台を作らなければ，と気持ちを新たにし，岸根は次のミーティングに向かった．

第８章　ある日突然やってきた嵐　<学びシート>

活動に必要な基盤	活動基盤を作る上でのポイント，気づき

参考資料

リーンシックスシグマに関わる国際規格の概要

ここでは日本規格協会から発行されている

ISO 13053-1:2011（プロセス改善における定量的方法―シックスシグマ―第1部 DMAIC法）

ISO 13053-2:2011（プロセス改善における定量的方法―シックスシグマ―第2部 ツールと技法）

および関連規格である

ISO 18404:2015（プロセス改善における定量的方法―シックスシグマ―シックスシグマおよびリーン実施に関する主要専任者の能力と組織の適格性）

の概要をご紹介します（いずれも英和対訳版）.

シックスシグマは2011年にISOにより国際規格化されています．これらの国際規格の策定作業は，ISO内で米国が議長国を務め，日本をはじめとした主要先進国が参加する「TC 69：統計的方法の適用委員会」で行われています．このTC 69の中にはさらに複数の分科委員会（SC）があり，リーンシックスシグマ関連の規格化は「TC 69/SC 7：シックスシグマのための統計的手法の応用分科委員会」が担当しています．2017年現在，TC 69/SC 7は中国が議長国，英国が共同議長国を務めており，議決権をもつ参加国は日本を含めて15か国に及びます.

それではリーンシックスシグマに関連するISO規格の概要（＊2017年7月時点の情報に基づく）を見ていきましょう.

▶ISO 13053-1:2011

プロセス改善における定量的方法—シックスシグマ—第1部 DMAIC法

この規格では，シックスシグマで用いられる用語や役割，活動の進め方，問題解決の方法論「DMAIC法」などについて具体的なガイドラインを示します．

【目　次】

次に，本規格書から抜粋した特に着目すべきポイントを項目に沿って示します（枠内は規格書からの引用）．

【「序文」のポイント】

> シックスシグマには，使用されるツールや技法の点での目新しさは，ほとんどない．

QC 七つ道具に代表されるような，従来の手法やツールがそのまま活用されています．

> これまでの品質に関する取組みとの違いを一つ挙げるとすれば，全てのプロジェクトは，それを開始するには，健全な事業上の根拠がなければならないということがある．

企業価値や顧客満足の向上を目指すことが前提の活動だということです．

> もう一つの違いは，インフラである．各々の役割，またそれらに対する責任を創設することが，シックスシグマという手法の強固な基盤になる．

活動に対する責任と役割を決めた推進体制インフラを作ることになります．

【「3 記号と略語」のポイント】

> σ　母標準偏差，$\bar{X}$　サンプルの算術平均値

データ分布やデータグループとして数値を扱うための統計的表現を用います．

COPQ　低品質のコスト，CTQ　品質にとって決定的な要因

（プロセスの）品質に関する定義や財務換算を行います．

FMEA　故障モード影響解析，MSA　測定システム分析，
QFD　品質機能展開

汎用的な定量分析ツールを用いてプロセス分析を行います．

【「4 組織内のシックスシグマ・プロジェクトの基本」のポイント】

4.2 顧客の声

顧客の期待やニーズを起点としてプロジェクトを行います．

4.5 品質マネジメント規格 ISO 9001 との関係

シックスシグマを品質マネジメントシステムに統合することで，製品のコスト低減，（SCM の）一貫性向上などが期待できます．

【「6 シックスシグマ要員とその役割」のポイント】

役割の中には，組織の規模やプロジェクトの複雑性に応じて，専任の職務として割り当てる必要があってもよい．

組織内に活動専任者を置くかどうかは，自社組織の都合に合わせて決めればよいということです．

【「7 必要最小限の能力」のポイント】

シックスシグマ要員に対する必要最小限の能力やスキルは 17 項目例示されており，具体的な能力要件は ISO 18404 に記載されています．

【「8 シックスシグマ研修の必要最小限の要件」のポイント】

シックスシグマ研修については講義形式の研修などによる必要最低日数が提示されています．また「個別指導（コーチング）」の標準的な日数も提示されています．

【「10 シックスシグマ・プロジェクト DMAIC 法」のポイント】

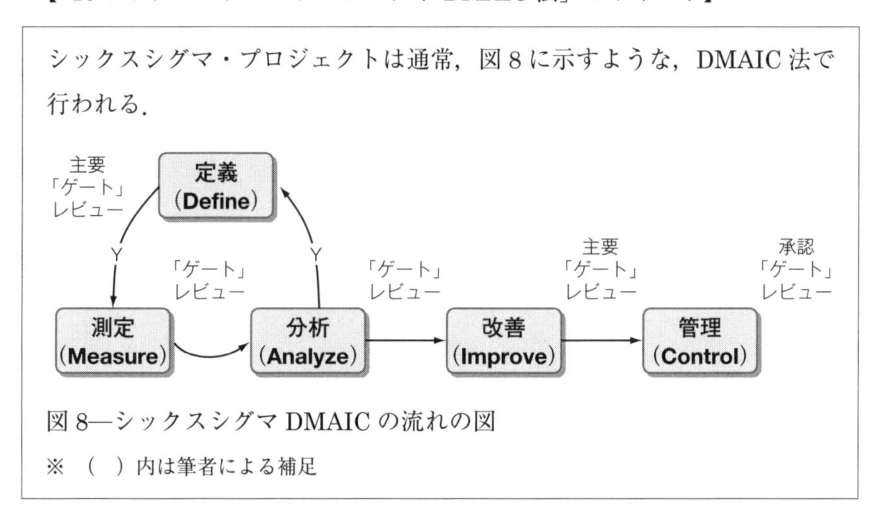
シックスシグマ・プロジェクトは通常，図 8 に示すような，DMAIC 法で行われる．

図 8—シックスシグマ DMAIC の流れの図

※（　）内は筆者による補足

すべてのフェーズで定期報告書の提出が求められ，スポンサーとのゲートレビューが行われます．

【「13 シックスシグマ・プロジェクトの重要成功要因」のポイント】

具体的な質問事項チェックリストを用いて，プロジェクトの「ステークホルダー（利害関係者）責任が明確」で「データ主導」だといえるかどうかを確認します．

【「14 組織内のシックスシグマ推進体制」のポイント】

一般情報として，対象従業員数や事業特性に応じた推進体制の目安が示されています．

表　従業員 1000 人以上の事業所の推進体制の例

役　割	人　数	備　考
展開マネージャー	1 名	恒久的役割
プロジェクト・スポンサー	可変	シックスシグマ・プロジェクトの数や種類に応じて可変
マスター・ブラックベルト	BB 5 名につき 1 名	専任
ブラックベルト	GB 5 名につき 1 名	専任．この役職のために 2 年間派遣され，その後もとの業務に復帰する場合が多い．
グリーンベルト	従業員 30 名につき 1 名	兼任．必要に応じてシックスシグマ・プロジェクトに派遣される．
イエローベルト	全従業員	兼任．必要に応じてシックスシグマ・プロジェクトに派遣される．

（※　注は割愛している）

▶ISO 13053-2:2011

プロセス改善における定量的方法―シックスシグマ―第2部 ツールと技法

この規格では，シックスシグマのDMAIC各フェーズの目標や進め方などについて具体的なガイドラインを示します．また附属書として31種類のファクトシートを掲載して，プロジェクトで活用を推奨するツールや分析技法を紹介します．

【目　次】

【附属書 A（参考）ファクトシート」のポイント】

各ツールが1ページずつ記載されています．

【ファクトシートで紹介するツールと技法】

ファクトシート 01　ROI，原価，会計責任
ファクトシート 02　親和図法
ファクトシート 03　狩野モデル

ファクトシート 04　CTQ 樹枝状図
ファクトシート 05　品質の家
ファクトシート 06　ベンチマーキング
ファクトシート 07　プロジェクト計画書
ファクトシート 08　ガントチャート
ファクトシート 09　SIPOC
ファクトシート 10　プロセス・マッピングとプロセス・データ
ファクトシート 11　優先度マトリクス
ファクトシート 12　特性要因図
ファクトシート 13　ブレインストーミング
ファクトシート 14　故障モード・影響解析（FMEA）
ファクトシート 15　測定システム分析（MSA）
ファクトシート 16　データ収集計画
ファクトシート 17　サンプルの大きさの決定
ファクトシート 18　正規性検定
ファクトシート 19　記述統計の可視化ツール
ファクトシート 20　指標
ファクトシート 21　ムダ分析
ファクトシート 22　バリュー・ストリーム分析（VSM）
ファクトシート 23　サービス提供モデル化
ファクトシート 24　仮説検定
ファクトシート 25　回帰及び相関
ファクトシート 26　実験計画法（DOE）
ファクトシート 27　信頼性
ファクトシート 28　RACI 能力マトリクス
ファクトシート 29　モニタリング／管理計画
ファクトシート 30　管理図
ファクトシート 31　プロジェクト評価

▶ISO 18404:2015

プロセス改善における定量的方法—シックスシグマ—シックスシグマおよびリーン実施に関する主要専任者の能力と組織の適格性

この規格はISO 13053とは異なり,「適合性規格(conformance standard)」,すなわち第三者認証を意図して策定されました.したがって単なるガイドラインではなく,適切な権限を有する審査機関による審査,認証を可能にします.わかりやすくいうと,例えばこの規格によって「ブラックベルト」という公的資格の認証を行うことができます.2017年現在,英国がこの規格に基づく要員認証のトライアルを始めており,日本を含む他の国々も適用するかどうかを検討しています.

【目　次】

表　手法と主要専任者の対応付け

手　法	主要専任者		
シックスシグマ	グリーンベルト	ブラックベルト	マスターブラックベルト
リーン	リーン実務者	リーンリーダー	リーンエキスパート
リーン＆ シックスシグマ	グリーンベルト ＋リーン実務者	ブラックベルト＋ リーンリーダー	マスターブラックベルト ＋リーンエキスパート

【「序文」のポイント】

> この国際規格は，シックスシグマ，リーンおよび“リーン＆シックスシグマ”における専任者および組織に必要な能力を明確にすることを目的としている．

この規格で規定される主要専任者とは，シックスシグマの「グリーンベルト」，「ブラックベルト」，「マスターブラックベルト」，およびリーンの「リーン実務者」，「リーンリーダー」，「リーンエキスパート」を指します．

【「1 適用範囲」のポイント】

> 本規格はイエローベルト（Yellow Belts）およびシックスシグマ設計（DFSS）を含まない．

シックスシグマの YB やスポンサーの役割は専任者として扱われず，DFSS も対象外です．

> 注記　この国際規格は個人の認証および／または組織の認証について述べる．

この注記の意味は，この規格の対象が専任者という個人だけでなく，LSS 活動を行っている組織も対象にできるということです．ISO 9001 が組織認証を行うのと同様に，この規格を用いてLSS活動を行う組織の認証が可能です．なおいずれの認証も「適切な権限を有する機関」によって行われると規定されています．

【「4 シックスシグマ，リーンおよび“リーン&シックスシグマ”に関する主要専任者の能力」のポイント】

シックスシグマ，リーンおよび“リーン&シックスシグマ”の主要専任者は，適切かつ十分な教育，トレーニング，スキル，能力および経験に基づいた能力を有していなければならない．

主要専任者は適切なトレーニングを受け，プロジェクト経験等の記録を管理しておかなくてはなりません．

【「5 シックスシグマ，リーン，または“リーン&シックスシグマ”を推進する組織の適合性」のポイント】

組織は，この国際規格に含まれる最小限の能力に従うシックスシグマ，リーンまたは“リーン&シックスシグマ”専任者に必要な能力を決定しなければならない．

リーンシックスシグマを導入した組織では，主要専任者の能力やスキルを定義し，それぞれに必要な能力を決めなくてはなりません．

【「6 リソース管理」のポイント】

ブラックベルトおよびリーンリーダーは実務経験の一覧表を準備し，(中略) 3年ごとに，適切な権限を有する機関による評価を受ける．

BBもしくはリーンリーダーは，自らの実務経験を認証されることがふさわしいのかどうか，定期的に適切な権限を有する機関から評価されることが求め

られます．

組織の能力は，3 年ごとに適切な権限を有する機関により再評価される．

リーンシックスシグマを導入している組織は，活動運営が適切に行われているかどうか，定期的に適切な権限を有する機関から評価されることが求められます．

本規格の附属書に規定される主要専任者に求められる能力は，複数の項目にまとめられています．一例として BB に求められる能力を次に示しました．

【ブラックベルトに求められる能力】

1. 組織の利益についての識別と優先度付け
2. 事業プロセスの改善
3. 変革管理
4. 自己のリーダーシップ開発
5. メンバーのリーダーシップ開発
6. データの収集と分析
7. 創造的思考
8. 顧客志向
9. 意思決定と最終決定
10. 自己およびチームのリーダーシップスキル
11. メンバーの動機付け
12. 数値分析能力
13. 実際の問題解決（改善機会の実現）
14. プレゼンテーションと報告のスキル
15. プロセス思考スキル
16. プロジェクトマネジメント

17. リスク分析とリスク管理
18. 自己の振返りと自己開発
19. シックスシグマのツール
20. ステークホルダー管理
21. 統計的技法
22. 統計ソフト活用
23. 継続性と管理

したがって，これらの要件が一定レベル以上に達していることが客観的に確認できれば，国際基準に則ったBBとして資格認証され得るということです．

なお参考情報として，リーンとシックスシグマの両方に適用されるISO 18404が発行されたことに伴い，参照引用されているISO 13053にリーンを追記してファミリー規格として内容の整合を図ることが決まっています．ISO 13053は2017年以降に定期改訂が予定されているので，その際に規格名が「プロセス改善における定量的方法—リーンシックスシグマ」と変更される見通しです．

引用・参考文献

1）ISO 13053-1:2011（プロセス改善における定量的方法―シックスシグマ―第1部 DMAIC法）
2）ISO 13053-2:2011（プロセス改善における定量的方法―シックスシグマ―第2部 ツールと技法）
3）ISO 18404:2015（プロセス改善における定量的方法―シックスシグマ―シックスシグマおよびリーン実施に関する主要専任者の能力と組織の適格性）
4）マイケル・ハリー，リチャード・シュローダー(2000)：『シックスシグマ・ブレークスルー戦略』，ダイヤモンド社
5）ジェームズ・P・ウォマック，ダニエル・ルース，ダニエル・T・ジョーンズ(1990)：『リーン生産方式が、世界の自動車産業をこう変える。』，経済界
6）成沢俊子, ジョン・シュック(2008)：『英語でkaizen! トヨタ生産方式―第2版』，日刊工業新聞社
7）マイク・ローザー，ジョン・シュック(2001)：『トヨタ生産方式にもとづく「モノ」と「情報」の流れ図で現場の見方を変えよう!!』，日刊工業新聞社
8）アナンド・シャーマ，パトリシア・E・ムーディー(2003)：『リーンシグマ経営―デマンド・エコノミー時代の物づくり革命』，ダイヤモンド社
9）山田秀(2004)：『TQM・シックスシグマのエッセンス』，日科技連出版社
10）Michael L. George(2002)：『Lean Six Sigma: Combining Six Sigma Quality with Lean Production Speed』，McGraw-Hill Education
11）デイビット・ハルバースタム(1987)：『覇者の驕り』，NHK出版
12）眞木和俊(2012)：『[図解] リーンシックスシグマ』，ダイヤモンド社
13）ダイヤモンド・シックスシグマ研究会(1999)：『[図解] コレならわかるシックスシグマ』，ダイヤモンド社
14）ダイヤモンド・シックスシグマ研究会編著，眞木和俊監修(2001)：『[図解]「お客様の声」を生かすシックスシグマ―営業・サービス編』，ダイヤモンド社
15）「特別企画：シックスシグマ再入門―その標準化と認証の動向」，『標準化と品質管理』，2017年6月号，日本規格協会
16）「Six Sigma Quality Quest」講演資料（2000年6月28日～30日，Six Sigma Qualtec）
17）「シックスシグマ国際規格説明会」講演資料（2016年11月30日，日本規格協会）
18）一般財団法人日本規格協会ホームページ（https://www.jsa.or.jp/）
19）一般社団法人PMI日本支部ホームページ（https://www.pmi-japan.org/）
20）日本公認会計士協会ホームページ（http://www.hp.jicpa.or.jp/）

あとがき

リーンシックスシグマの目指す先にあるもの

本書を読んで，リーンシックスシグマが業務プロセスを柔軟で前向きに変えていくための有効な手段となりうることを理解してもらえたら幸いです．

改善活動はやって当たり前だと思うものの，誰もが容易に現場で改善を図れる環境ではなくなったのではないでしょうか．ただでさえ人手不足感のある現場に対し，どのような改善が求められているのか，その目的を明確に打ち出さなければ，たとえいかなる手法でも効果的な導入や定着化は図れません．

これからの製造業の現場にはAI（人工知能）やIoT（モノのインターネット）がさらに普及し，人と機械がより複雑に連携することになります．こうした業務は，発生する問題の因果関係をしっかりと解き明かさないと本質的な解決は望めません．現場でも論理的な思考力をもち，データ分析を得意とし，経営のリーダーシップを発揮する人材を計画的に増やすことは，必然といえます．

また現場業務の要点を体得したベテラン社員の高齢化や退職に伴い，その強みをいかに若手社員に継承していくのかも考えなくてはなりません．これ以上，モノづくり立国日本の弱体化を進めないためにも，リーンシックスシグマをヒトづくりの仕掛けとしてとらえてみてはどうでしょうか．

◀三ツ星製作所改め，エムパイア・システムズの１年後の様子▶

昴「鈴木さん，今やっているBBプロジェクトについてお願いがあるのですが……」

鈴木「あと５分ほどでミーティングに行かなくてはならないから，手短かに頼むよ」

昴「わかりました．今Analyzeフェーズに入ったところですが，昨年導入したロボットによる自動成形ラインの生産歩留まりに影響する要因を洗い出してみました．これらの要因による影響度合いを確認するために実験計画法を用いた組合せ実験を行いたいと思います．そのためのライン使用の許可と実験用の材料費負担を承認いただけますか？」

鈴木「具体的にはどのくらいかかるのかな？」

昴「ざっとですが，ラインの使用時間は２時間ほどで材料費は１万円程度です．実験は平日の稼働停止後に計画しています」

鈴木「ということは，その分の君たちメンバーの残業代も考えなくてはならないね．了解したので，準備を進めてください」

昴「ありがとうございます．では，製造技術課のYBの川崎さんと相談して具体的なスケジュールを詰めたいと思います」

この会社でリーンシックスシグマを導入してから１年が経過して，どうやら昴さんはGBからBBに昇格したようですね．スポンサーの鈴木部長とのやりとりもしっかりと板についてきた様子です．リーンシックスシグマが社内の問題解決の「共通言語」として使われるようになれば，わずか５分ほどの受け答えでも上司の判断を仰ぐことが可能になります．

LSS活動の組織的な導入，展開によって，コミュニケーション・プラットフォーム作りを目指す会社も増えています．こうした活動基盤作りにおいては，VOC起点やDMAICといったリーンシックスシグマの基本思想を取り入れながら，自社の様々な強みを取り入れた「自社化」を図ることが大切です．

本書のまとめとして，「リーンシックスシグマ導入成功のヒント」を挙げてみました．

●── リーンシックスシグマ導入成功のヒント

(1)　活動に対する経営者のコミットメント
(2)　「他者からも学ぶ」という意識に変わること
(3)　成長につながる前向きなテーマも扱う
(4)　プロジェクトの財務成果の算定と見える化

(1)　活動に対する経営者のコミットメント

何を始めるにしても，そこに経営者の関心があるのかどうかが，現場の士気に大きく影響します．経営者層が「所詮，現場活動なのだから担当者にお任せ」という姿勢で臨めば，やはりそれなりの成果しか期待できないレベルにとどまってしまいます．かつてGEのトップだったウェルチ氏は「シックスシグマと8兆回は言い続けた」と公言していましたが，そのくらいの気概で臨まないと全世界30万人もの社員の目的意識が揃わないという危機感の表れだったのでしょう．

(2)　「他者からも学ぶ」という意識に変わること

社内改善だからといって自前主義に固執するのではなく，是々非々で他者に学ぶ姿勢が必要です．例えばリーンシックスシグマの国際カンファレンスに参加して新興国での実践事例を聞くのも一案ですし，他部門や他業種の事例研究でもいいと思います．とにかく内向きではなく，外部から情報を集めてみて，自社のやり方を変えていく動機付けを図りましょう．

(3)　成長につながる前向きなテーマも扱う

リーンシックスシグマの導入目的がプロセス改善のためだと言い続けるのは，ひょっとするとミスリードかもしれません．社内で業務プロセスの問題を解決する目的は，仕事のやり方で悪い部分を改善することばかりではなく，将来の成長や企業価値向上を図るためでもあります．後者にも寄与する前向きなテーマを取り上げることは，活動に対するやらされ感や疲弊感を募らせないための工夫にもなります．

（4） プロジェクトの財務成果の算定と見える化

LSS 活動の参加者には，各プロジェクトが何を目的として取り組み，その成果として何を期待するのか，明確な評価尺度をもって測る努力が求められます．すべてのプロジェクトが財務成果に換算できるとは限りませんが，Control フェーズでしっかりとしたモニタリングの仕組みを置くことで，プロジェクトによる成果を現場で定量的に確認できることが大事です．

リーンシックスシグマの目指す先にある未来は，自らの知恵と工夫を活発に議論できる社員が大勢いる職場であることを期待しています．

本書の執筆にあたり，企画準備段階から支援してくださった一般財団法人日本規格協会編集制作チームの伊藤朋弘さん，国際標準化ユニット国際規格チームの遠藤智之さん，中国の情報や ISO 国際規格説明会資料を提供してくださった ISO TC 69/SC 8・SC 7 国内委員会副査の石山一雄さん，そして私たちが広報活動でいつもお世話になっている株式会社ジェネックスパートナーズの藤田政美さんをはじめとする社員の皆さんに，心より感謝の意をお伝えします．

2017 年 10 月

眞木和俊，野口　薫

索　　引

す

ち

て

は

ふ

ま

も

り

【著者略歴】

眞木　和俊（まき　かずとし）解説編担当

株式会社ジェネックスパートナーズ　代表取締役会長
GE（ゼネラル・エレクトリック）のヘルスケア事業部門においてシックスシグマ活動の立ち上げに従事．その後，シックスシグマの啓蒙と日本企業再生を目指すコンサルタントに転じて，2002年に株式会社ジェネックスパートナーズを設立．2012年からISO TC 69/SC 7（シックスシグマのための統計的手法の応用分科委員会）の日本委員を務める．
主な編著書に『【図解】コレならわかるシックスシグマ』，『【図解】「お客様の声」を生かすシックスシグマ―営業・サービス編』，『【図解】リーンシックスシグマ』（ともにダイヤモンド社），『図解シックスシグマ流“強い現場”をつくる「問題解決型」病院経営』（日本医療企画）がある．

野口　薫（のぐち　かおる）事例編担当

株式会社ジェネックスパートナーズ　マネージャー
プライスウォーターハウスクーパースGHRS株式会社にて，国内外のクライアント企業にコンサルティングサービスを提供．その後，投資ファンドによるMBO企業に部長職として参画し全株式譲渡によるEXITに貢献．2005年より株式会社ジェネックスパートナーズにて，様々な企業へのリーンシックスシグマの教育，人材育成，活動基盤構築等の支援を行っている．

株式会社ジェネックスパートナーズ

“成果を出して人を育てる”ことを重視し，企業変革を推進するコンサルティングファーム．
ジェネックスパートナーズ：http://www.genexpartners.com/
シックスシグマオフィシャルページ：https://www.sixcg.com/

品質管理者のためのリーンシックスシグマ入門

定価：本体 1,600 円(税別)

2017 年 11 月 1 日　　第 1 版第 1 刷発行

著　　者　眞木　和俊，野口　薫

発 行 者　揖斐　敏夫

発 行 所　一般財団法人　日本規格協会

〒 108–0073　東京都港区三田 3 丁目 13–12　三田 MT ビル
http://www.jsa.or.jp/
振替　00160–2–195146

印 刷 所　日本ハイコム株式会社
製　　作　有限会社カイ編集舎

ISBN978–4–542–50273–4

● 当会発行図書，海外規格のお求めは，下記をご利用ください．
販売サービスチーム：(03)4231–8550
書店販売：(03)4231–8553　注文 FAX：(03)4231–8665
JSA Webdesk：https://webdesk.jsa.or.jp/